U1070735

21世纪高等院校教材

植物地理学实验与实习教程

马丹炜　主编

张　宏　李　群　王石英　副主编

科学出版社

北　京

内 容 简 介

本书是2008年由科学出版社出版的《植物地理学》(马丹炜,张宏)的配套教材,也是四川省精品课程植物地理学的配套教材。内容包括基础性实验、综合性实验和设计性实验三部分,涵盖植物的形态结构、植物界的多样性、植物种类的野外调查、植物区系分析、植物种群的种间分布格局和种间关联、植物群落数量特征的调查与分析、植物群落的聚类分析和排序、植被分布规律、地理信息系统在植物地理学实习中的应用,以及植物地理学设计性实验的选题、设计和实施等内容。本书强调提高学生的综合素质,培养学生的创新精神与实践能力。附录部分附有高等植物标本的采集与制作、数据处理的基本方法、高等植物分科检索表,以备查阅。

本书可作为高等院校地理科学、生物科学和环境科学专业的植物地理学实验与实习指导用书,也可作为相关学科科研人员的参考书。

图书在版编目(CIP)数据

植物地理学实验与实习教程/马丹炜主编.—北京:科学出版社,2009
21世纪高等院校教材

ISBN 978-7-03-024262-4

Ⅰ.植… Ⅱ.马… Ⅲ.①植物地理学-实验-高等学校-教材②植物地理学-学习-高等学校-教材 Ⅳ.Q948.2

中国版本图书馆CIP数据核字(2009)第037609号

责任编辑:郭森 杨红 刘希胜/责任校对:刘小梅
责任印制:张 伟/封面设计:耕者设计工作室

科学出版社出版
北京东黄城根北街16号
邮政编码:100717
http://www.sciencep.com

北京盛通数码印刷有限公司印刷
科学出版社发行 各地新华书店经销

*

2009年4月第 一 版 开本:B5(720×1000)
2023年2月第十次印刷 印张:10 1/2
字数:202 000

定价:39.00 元

(如有印装质量问题,我社负责调换)

《植物地理学实验与实习教程》编委会

主　编　马丹炜

副主编　张　宏　李　群　王石英

编　委（按姓氏拼音为序）

杜　娟　何　磊　李　群　刘金萍

刘　爽　马丹炜　王石英　谢贤健

张　宏　张　伟　赵景峰　周雪林

前　　言

植物地理学是地理学和植物学之间的交叉学科，是研究生物圈中各种植物和各种植被的地理分布规律、生物圈各结构单元(各地区)的植物种类组成、植被特征及其与自然环境之间相互关系的科学。自1807年Alexander von Humboldt创立植物地理学以来，随着研究的深入，植物地理学逐渐分支发展成为几门独立的学科。近年来植物地理学及其分支学科无论在理论上还是方法论上都取得了迅猛的发展，在植物系统研究、自然地理、植物资源、环境保护以及环境影响评价中都得到了广泛应用。

现代科学技术不断向植物地理学及其分支学科渗透，尤其是计算机、高分辨率遥感仪器和地理信息系统等技术的成熟，极大地促进了植物地理学向着实验科学发展。因此，加强课堂实验和野外实习对素质教育和实践创新能力的培养已成为植物地理学十分必要和迫切的教学环节，植物地理学实践课程在我国高等院校正日益受到重视，大部分高等院校的地理科学专业本科教学中设置了野外实习实践环节，开设植物地理学课堂实验的高等院校也呈递增趋势，然而目前缺乏紧扣植物地理学及其相关学科发展动态、可操作性强、与创新人才培养相适应的实验与实习教材。为此，我们组织了多所高等院校植物地理学教学的一线骨干教师，在积累的多年教学经验的基础上，结合我国本科教学特点，编写了《植物地理学实验与实习教程》，作为马丹炜等编写的由科学出版社2008年出版的《植物地理学》的配套教材，希望本书的出版能够在提高学生的综合素质、培养学生的创新精神与实践能力方面发挥作用。

随着创新人才教育的开展，能力培养已引起国家和学校的普遍重视，实践教学在植物地理学课程中所占的比重越来越大，除野外实习环节外，课堂实验课程也在各学校逐渐开设。因此，本书在实验设计上力求满足野外实习和课堂实验课程的需要，将实验分为基础性实验、综合性实验和设计性实验三种类型。基础性实验是经过精选的最基本的、最代表学科特点的实验方法和技术，通过学习使学生掌握相应学科的基本知识与基本技能，为综合性实验奠定基础；综合性实验和设计性实验为植物地理学野外实习而设计，综合性实验由多种实验技术和多层次的实验内容所组成，主要训练学生对所学知识和实验技术的综合运用能力，为设计性实验的顺利开展做好准备；设计性实验是在完成基础性实验和综合性实验的基础上，以相应学科的研究为主，结合其他学科的知识与技术，由学生自己设计实验方案，开展科学研究，撰写课程研究论文，使学生得到科学研究的初步训练，为毕业论文研究工作的开展打下基础。

附录部分列出了高等植物标本的采集与制作、植物地理学数据处理的基本方法、高等植物的分科检索表，供学生随时查阅与鉴定植物。

在本书的使用过程中，各学校可根据自身的学时数和地区特点灵活选取实验内容。除了实验1、实验2和实验3外，其余实验均可安排在野外实习中进行。因此，本书能满足植物地理学实践环节教学的全部需要。

参加本书编写工作的单位包括四川师范大学生命科学学院、四川师范大学地理与资源科学学院、重庆师范大学地理科学学院、内江师范学院资源与环境科学学院以及六盘水高等师范专科学校生物与地理科学系。本书的出版得到了四川师范大学教务处专项经费的资助和各参编单位的大力支持，在此一并表示最诚挚的谢意！

由于编者水平有限，书中难免存在不足之处，望使用本书的教师、学生和相关科学工作者提出宝贵意见，以便我们及时修正。

编　者

2008年冬

目　录

前言
第一部分　基础性实验 …… 1
实验 1　植物营养器官的形态观察 …… 1
实验 2　植物繁殖器官的形态观察 …… 12
实验 3　植物的多样性与植物检索表的编制和使用 …… 23
实验 4　植物群落的数量分类和排序 …… 31
实验 5　植被图的绘制和阅读 …… 40
实验 6　植被的分布规律 …… 44
实验 7　地理信息系统在植物地理学实习中的应用 …… 46
第二部分　综合性实验 …… 54
实验 8　种子植物的野外调查和植物区系分析 …… 54
实验 9　种群空间分布格局和种间关联分析 …… 59
实验 10　植物群落数量特征的调查及分析 …… 65
第三部分　设计性实验 …… 78
实验 11　植物地理学设计性实验的选题、设计与实施 …… 78
主要参考文献 …… 80
附录 …… 82
附录Ⅰ　高等植物标本采集与制作 …… 82
附录Ⅱ　植物地理学数据处理的基本方法 …… 85
附录Ⅲ　蕨类植物分科检索表 …… 94
附录Ⅳ　裸子植物分科检索表 …… 103
附录Ⅴ　被子植物分科检索表 …… 105

第一部分　基础性实验

实验1　植物营养器官的形态观察

植物的根、茎、叶与营养物质的吸收、合成、运输和储藏有关，称为营养器官。

根是植物体的地下器官（除少数气生根外），主要作用是固着、支持和从环境中吸收水分和营养，同时亦兼有储藏的作用。不同植物主根的生长状况、各级侧根的生长和分枝式样以及所包含的不定根的数目不同，因而形成了不同类型的根系。根系有两种基本类型：有明显的主根和侧根区别的根系，称为直根系；无明显的主根和侧根区别的根系，或根系全部由不定根及其分枝组成，粗细相近，无主次之分，呈须状的根系，称为须根系。

茎是植物体地上部分联系根和叶的营养器官，生理功能主要是输导作用和机械支持作用。茎上有节（node）和节间（internode）。节上着生有叶和芽，而与根相区别。

叶是植物进行光合作用和蒸腾作用的主要器官，通常由叶片、叶柄和托叶三部分组成，同时具有这三部分的叶称为完全叶，缺少其中任一部分者都称为不完全叶。

在长期演化过程中，植物与环境相互影响与作用，形成了各自不同的生长方式和多种多样的形态，无论哪种发展趋势都是植物自身适应环境以获得充足阳光，制造、储藏营养物质和繁衍后代的需求。

识别植物是区域地理调查和植被调查中必不可少的内容，植物的形态结构是鉴别植物类群必不可少的分类特征。尽管繁殖器官的形态特征是鉴别植物最可靠的依据，但是在野外工作时，往往因为季节关系无法见到植物的繁殖器官，所以经常用根、茎、叶的特征来鉴别植物。

【实验目的】

通过本实验学会使用科学的语言对植物的形态特征进行描述；了解根的基本形态和根系的类型；了解茎的基本形态；掌握叶的形态特征及相关术语；了解根、茎、叶各种变态器官的形态特征；了解根和茎的主要区别。

【材料与器材】

植物根、茎、叶的标本；放大镜或体视显微镜、解剖针、镊子、刀片。

【实验内容】

1 植物根和根系的形态观察

观察蚕豆（*Vicia faba*）、向日葵（*Helianthus annnus*）、玉米（*Zea mays*）、小麦（*Triticum aestivum*）等植物的根系，区分主根、侧根和不定根，并判别其根系类型。

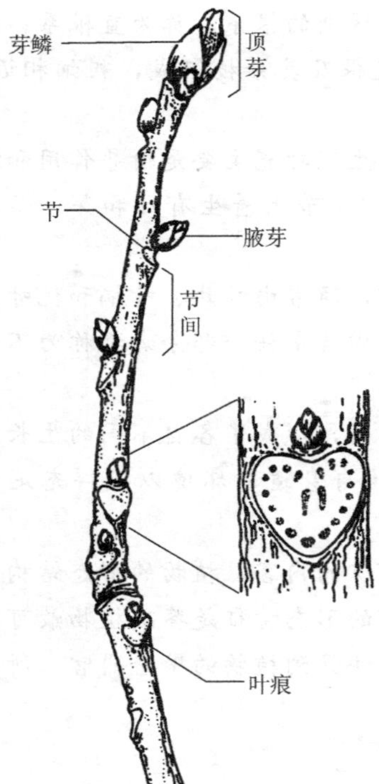

图 1.1 枝条的形态
（汪小凡和杨继，2006）

2 植物茎的形态观察

2.1 茎的外形

茎是植物体地上部分的轴（图 1.1），着生叶和芽的茎称为枝条（shoot）。叶与茎之间形成的夹角称为叶腋；着生叶的部位称为节，两节之间的部分，称为节间。当叶脱落后，在节上留有痕迹即叶痕（leaf scar）；叶痕中的点状突起是枝条与叶柄间的维管束断离后留下的痕迹，称为维管束痕（简称束痕）；顶芽（腋芽）开放时，其芽鳞片脱落在枝条上会留下密集痕迹，这种痕迹称为芽鳞痕。枝条的外表可以看见一些小型白色或褐色的皮孔。皮孔的形状、颜色和分布的疏密情况因植物而异。此外，有些植物的枝条上还有表皮毛、腺毛等多种类型的毛状附属物。

取多年生木本植物如杨（*Populus*）、桃（*Prunus persica*）、小叶黄杨（*Buxus microphylla*）等植物的枝条，观察其形态特征。先区分节和节间，再由枝顶端向枝基部观察，在枝条的顶端具有顶芽，在新开放的枝条与较老的枝条交界处具有数圈密集环纹是芽鳞痕。根据芽鳞痕的数目能够判断枝条的年龄。试判断枝条的生长年限及每年增长的长度是否相等，再用放大镜观察枝条上的皮孔。

大部分植物的茎为圆柱形，少数植物具有方柱形、三角形的茎。观察益母草（*Leonurus heterophyllus*）等唇形科植物的方柱形茎和莎草科植物的三角形茎。

在木本植物中，节间伸长显著的枝条，称为长枝，节间短缩的叫做短枝，短枝上的叶因节间缩短而呈簇生状态，长枝多为营养枝，短枝多为生殖枝。观察银杏（*Ginkgo biloba*）（或其他代表植物）的枝条，注意区分植物的长枝和短枝。

2.2　植物芽形态和结构的观察

芽（bud）是处于幼态而未伸展开的枝、花或花序。按照芽的生长位置，可将芽分为定芽（包括顶芽和腋芽）与不定芽，被叶柄膨大的基部覆盖的腋芽称为叶柄下芽；按照发育性质可将芽分为叶芽（一般小而瘦）、花芽（一般大而圆）和混合芽，根据芽鳞有无将芽分为鳞芽和裸芽，根据芽活动能力将芽分为活动芽和休眠芽。

观察桃、杨、紫藤（*Wisteria sinensis*）、紫穗槐（*Amorpha fruticosa*）、落地生根（*Bryophyllum pinnatum*）、天竺葵（*Pelargonium hortorum*）等植物的芽，根据芽着生的位置，能否区别出顶芽与侧芽（腋芽）？桃的芽通常三个并生，中间一个是主芽，两旁的芽叫做副芽（花芽）；紫穗槐的腋芽上、下排列，上面的芽是副芽，下面的芽是主芽；落地生根在叶缘上着生的芽叫做不定芽，它着地后能长成一株小植物。观察悬铃木（*Platanus*）的叶柄下芽。

根据芽外面是否具有芽鳞，区分哪种植物具有鳞芽？哪种植物具有裸芽？

将桃、杨、紫藤等植物枝条上的芽纵切，用镊子轻轻剥去芽鳞，放在放大镜下观察，判断花芽、叶芽和混合芽。

在靠近枝条基部有些不开放的芽，称为什么芽？

2.3　茎的分枝方式

茎的分枝具有一定的规律性，可分为二叉分枝、单轴分枝、合轴分枝以及假二叉分枝等方式。观察杨、柳（*Salix*）、榆（*Ulmus*）、丁香（*Syringa oblata*）等的枝条，试根据分枝的特征判断其中哪种植物是合轴分枝？哪种植物是单轴分枝？哪种植物是假二叉分枝？分枝与整个植株生长的形态及树冠形态有何关系？

禾本科植物的分枝比较特殊，特称为分蘖，这些植物在四五叶期，茎基部节上的某些腋芽发育为新枝，同时在发生新枝的节上形成不定根，新枝的基部以后还可再形成新枝。观察禾本科植物小麦的分蘖，在小麦茎的基部靠近地面或埋在土壤中的几个节膨大，向上产生腋芽，向下产生不定根。产生分蘖的地方就叫分蘖节，分蘖的发生是有一定顺序的，所观察植株的分蘖情况如何？具有几级分蘖？

2.4 茎的质地

不同植物茎的木质化程度差异很大，据此可将植物分为木本植物和草本植物。木本植物的茎含有大量的木质素，一般比较坚硬，又可以分为乔木（有明显主干的高大树木）和灌木（主干不明显，比较矮小，基部常分枝）；草本植物含木质素很少，可分为一年生草本（生活周期在本年内完成）、二年生草本（生活周期在两个年份内完成）和多年生草本（植物地下部分生活多年，每年继续发芽生长）。茎的质地是鉴别植物的重要依据。观察柳、女贞（*Ligustrum lucidum*）、蚕豆、小麦等植物，区别木本植物和草本植物。

2.5 茎的生长习性

在长期的进化过程中，不同植物的茎形成了不同的生长习性，以适应外界环境，使叶在空间合适分布，尽可能地充分接受日光照射，制造自身生活需要的营养物质，并完成繁殖后代的生理功能。茎的生长方式主要包括四种类型：直立茎、缠绕茎、攀缘茎和匍匐茎。

观察松（*Pinus*）、扁蓄（*Polygonum aviculare*）、藜（*Chenopodium album*）、牵牛（*Pharbitis nil*）、紫藤、葡萄（*Vitis vinifera*）、南瓜（*Cucurbita moschata*）、爬山虎（*Parthenocissus tricuspidata*）等植物的茎，根据茎生长习性的不同，判断上述植物中哪些是直立茎，哪些是缠绕茎，哪些为攀缘茎，哪些为匍匐茎。

3 叶的形态观察

3.1 叶的组成和形态

叶一般由叶片、叶柄和托叶三部分组成（图 1.2）。禾本科植物的叶由叶片和叶鞘（leaf sheath）两部分组成，叶片和叶鞘连接处为叶枕（pulvinus）（或叶颈），两侧有叶耳（auricle），腹面有叶舌（ligulate）（图 1.3）。

叶的形态包括叶片（图 1.4）、叶尖（图 1.5）、叶基（图 1.6）、叶缘（图 1.7）、叶裂（图 1.8）及叶脉（图 1.9）等。

叶的厚度、表皮组织的厚度、叶脉的机械组织发达程度等均影响叶片的质地。根据叶的质地，可将叶分为革质（叶厚韧似皮革）、膜质（叶薄而呈半透明，不呈绿色）、草质（叶薄而柔软）和肉质（叶肥厚多汁）。

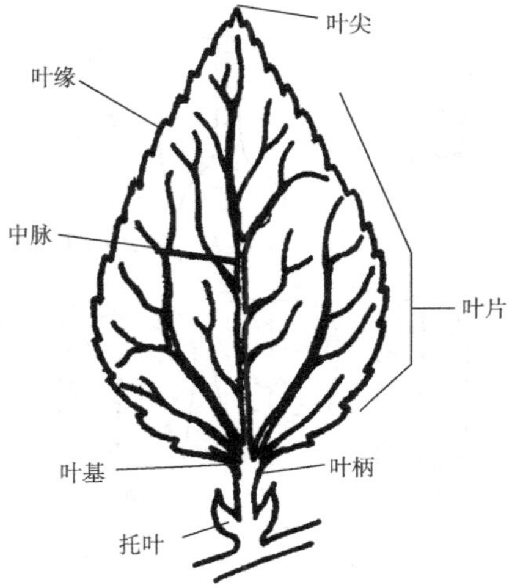

图 1.2　叶的形态（杨继，2000）

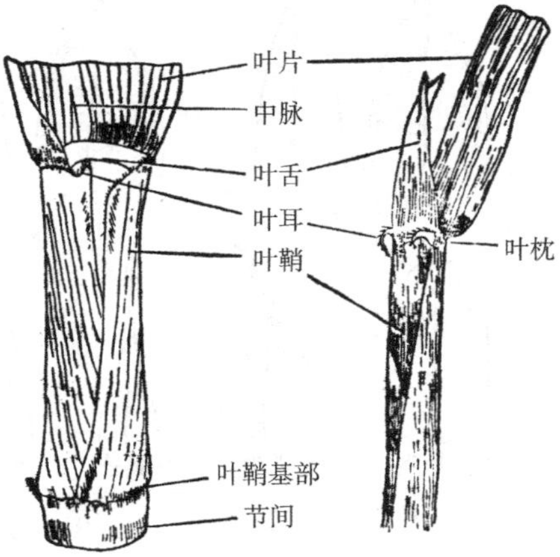

图 1.3　禾本科植物叶的形态（武吉华和刘濂，1983）

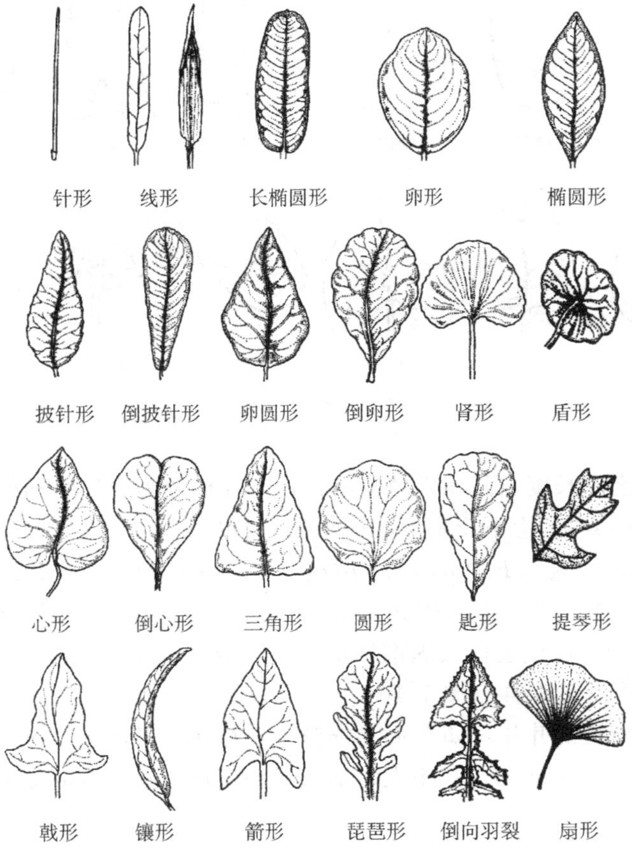

图 1.4　叶片的形态（杨继，2000）

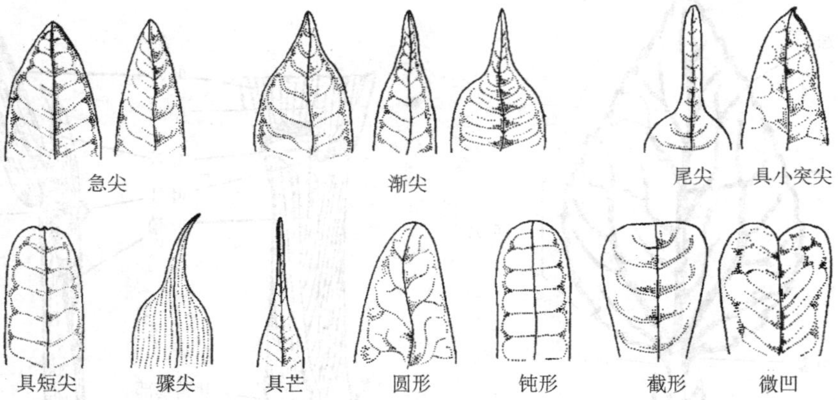

图 1.5　叶尖的形态

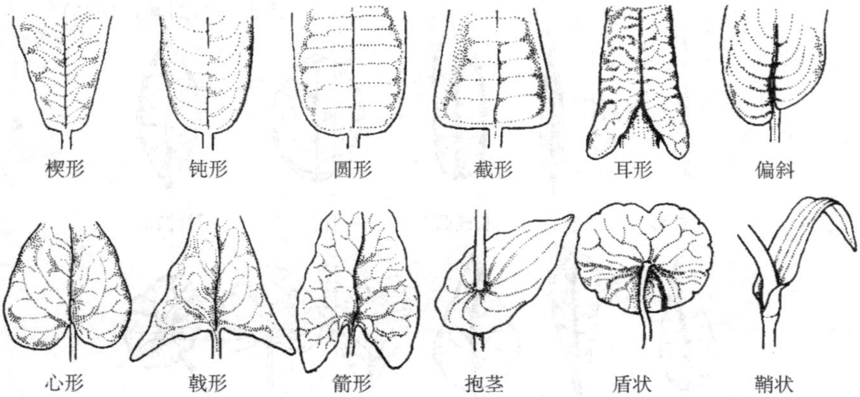

图 1.6　叶基的形态（杨继，2000）

叶柄的形态和长度也是识别植物的根据。叶柄分为圆形叶柄如鹅掌楸（*Liriodendron chinense*）、上下压扁形叶柄如香樟（*Cinnamonum campora*）、两侧压扁形叶柄如加拿大杨（*Populus canadensis*）。复叶总叶柄有翅如枫杨（*Pterocarya stenoptera*）、盐肤木（*Rhus chinensis*）；叶柄基部具鞘如竹类、胡萝卜（*Daucus carota*）；叶柄上面具纵槽如榕树（*Ficus microcarpa*）等。

托叶形态变化较多样（图 1.10）。

观察新鲜植物的叶片，如女贞、香樟、马齿苋（*Portulaca oleracea*）、益母草、百合（*Lilium brownii*）、小麦、蒲公英（*Taraxacum mongolicum*）等，分别描述其形态。

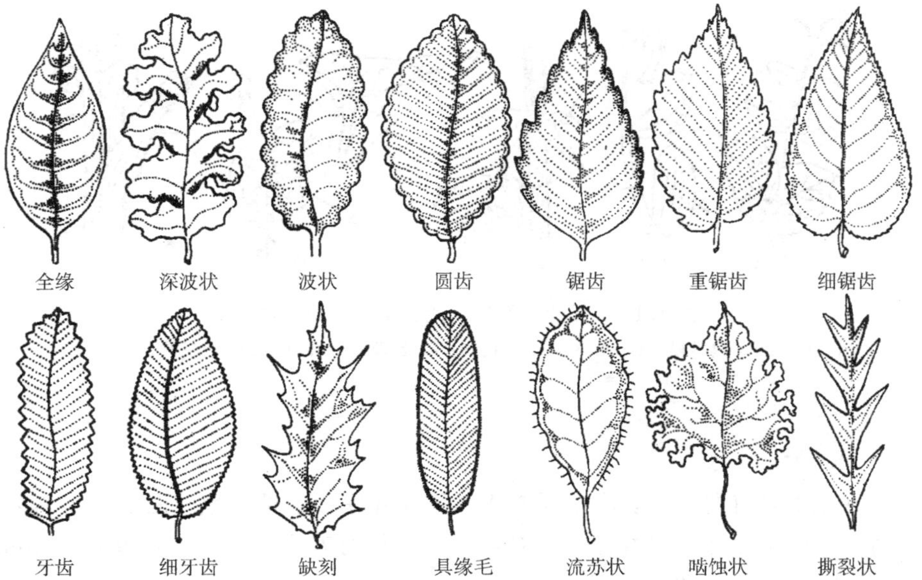

图 1.7　叶缘（杨继，2000）

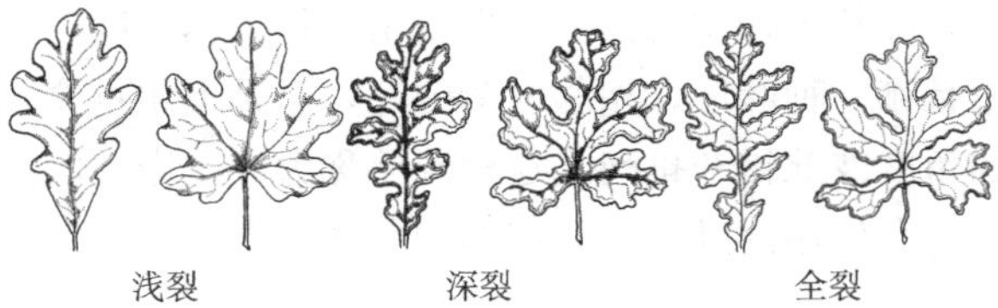

图 1.8　叶裂（杨继，2000）

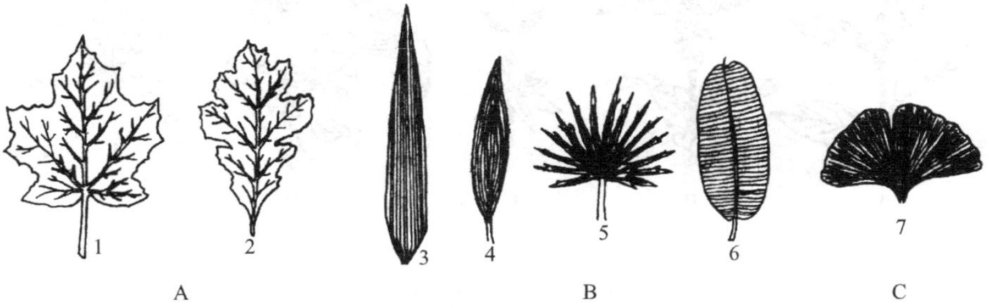

图 1.9　叶脉的类型（周云龙，2004）

A. 网状脉序；　B. 平行脉序；　C. 叉状脉序；

1. 掌状脉序；　2. 羽状脉序；　3. 直出脉；　4. 弧形脉；　5. 射出脉；　6. 侧出脉；　7. 叉状叶脉

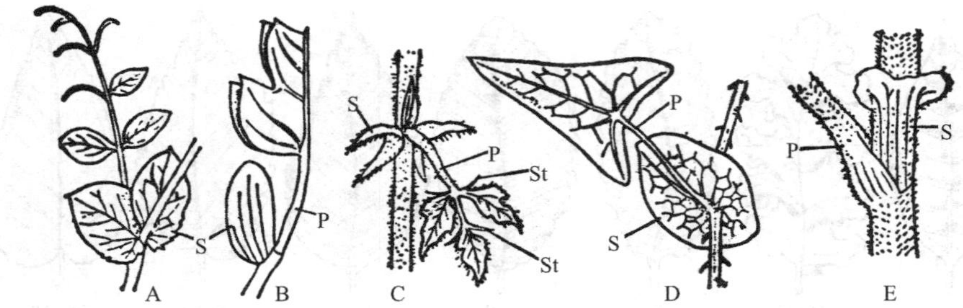

图 1.10 托叶的类型（武吉华和刘濂，1983）

A. 豌豆；B. 鹅掌楸；C. 葛藤；D. 扛板归；E. 红蓼；S. 托叶；St. 小托叶；P. 叶柄

3.2 叶序

叶在茎上具有的一定规律排列方式，称为叶序。常见类型（图 1.11）为：互生，每节着生 1 片叶，如香樟等；对生，每节相对着生 2 片叶，如女贞（*Ligustrum lucidum*）等；轮生，每节着生 3 片或 3 片以上的叶，如夹竹桃（*Nerium indicum*）、猪殃殃（*Galium aparine* var. *tenerum*）等；簇生（丛生）（fascicled)，节间缩短密接，叶成簇着生在短枝上，如银杏、金钱松（*Pseudolarix pseudolarix*）；植物无明显的地上茎，叶从植株贴地面的基部生出，称为基生叶，如蒲公英等。叶在茎上的排列，不论是哪一种叶序，相邻两节的叶，总是不相重叠，往往通过叶柄长短变化或以一定的角度彼此错开排列，这种现象称为叶镶嵌。叶镶嵌使茎上的叶片互不遮蔽，有利于光合作用的进行，并使茎的负载平衡。

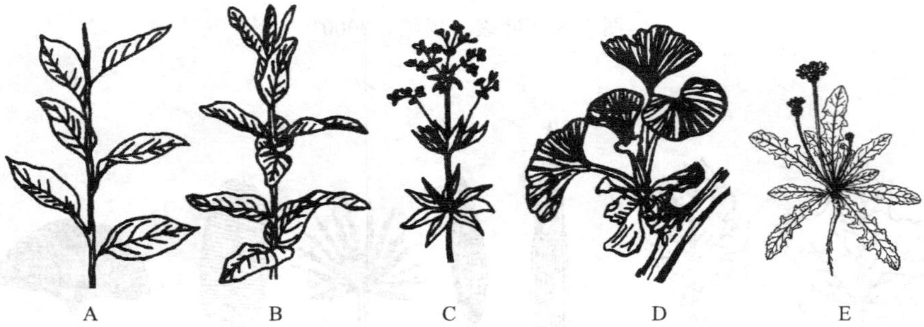

图 1.11 叶序的类型

A. 互生叶；B. 对生叶；C. 轮生叶；D. 簇生叶；E. 基生叶

3.3 叶的类型

单叶是在一个叶柄上只生 1 片叶片；复叶是在叶柄上着生 2 片以上完全独立

的小叶片。复叶的叶柄称为叶轴或总叶柄。叶轴上所生的许多叶称为小叶，小叶的叶柄即为小叶柄。根据小叶在总叶柄上的排列方式，可将复叶分为多种类型（图 1.12）。

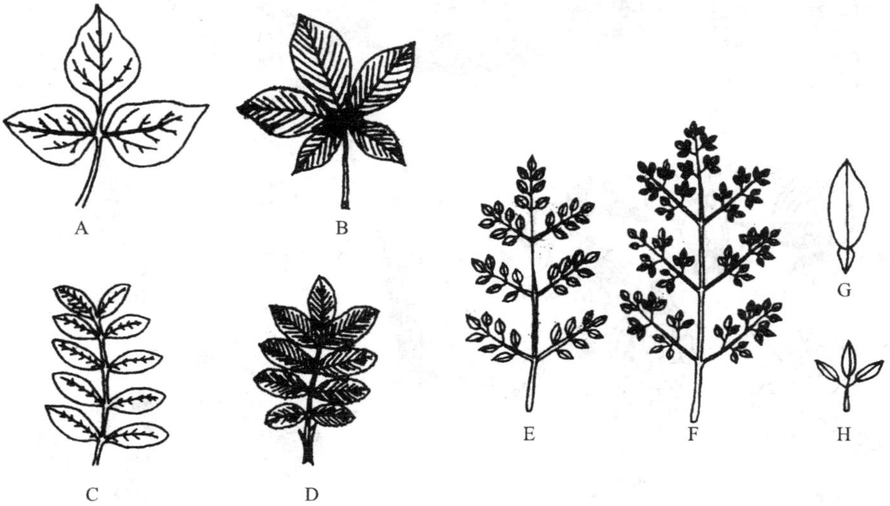

图 1.12　复叶的类型（周云龙，2004）

A. 羽状三出复叶；B. 掌状复叶；C. 偶数羽状复叶；D. 奇数羽状复叶；E. 二回羽状复叶；F. 三回羽状复叶；G. 单身复叶；H. 掌状三出复叶

复叶和单叶有时易混淆，这是对叶轴和小枝未加仔细区分的结果。叶轴和小枝实际上有着显著的差异，叶轴的顶端没有顶芽，而小枝常具顶芽；小叶的叶腋一般没有腋芽，芽只出现在叶轴的腋内，而小枝的叶腋都有腋芽；复叶脱落时，先是小叶脱落，最后叶轴脱落；小枝上只有叶脱落；叶轴上的小叶与叶轴成一平面，小枝上的叶与小枝成一定角度。

观察龙牙花（*Erythrina corallodendron*）、刺槐（*Robinia pseucdoacacia*）、南天竹（*Nandina domestica*）、柑橘（*Citrus reticulata*）、红花酢浆草（*Oxalis corymbosa*）等植物的叶，判别叶的类型。

4　植物营养器官的变态

有些植物的营养器官在形态、结构和生理功能等方面发生了较大的变化，这种变化叫做变态。这是由于植物体在某些条件的影响下，这些器官改变其机能，获得另外的机能，引起与之相适应的形态结构的变化。在长期的发展过程中，这些变态特性变得很稳定，一代代遗传下来，适应外界的环境条件（图 1.13）。

观察有关变态器官的图片、标本或实物，了解各类变态器官的主要类型、形

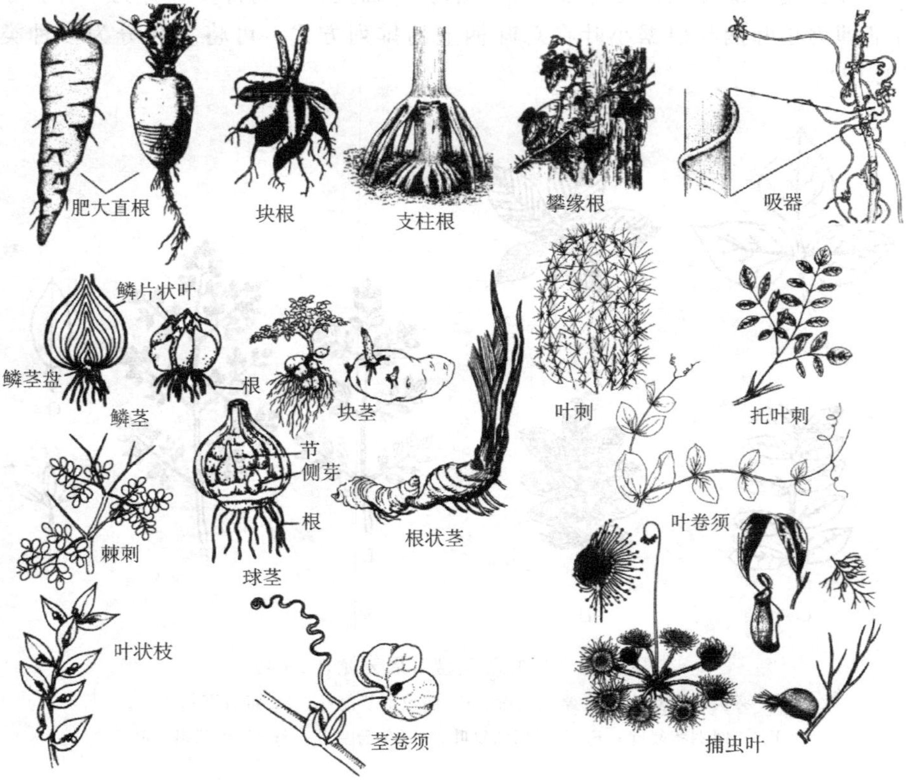

图 1.13　营养器官的变态

态特征和功能，找出变态茎的节、节间、鳞片、顶芽、腋芽、不定根等，如何说明它们是茎的变态？根据什么特征判断茎卷须和叶卷须？如何区分叶刺和枝刺？

【作业与思考题】

1. 直根系和须根系相比，哪种根系的吸水效率更高？哪种根系的固着能力更强？

2. 举例说明所观察的营养器官的变态与功能的关系。

3. 根据哪些特征来判断营养器官变态的种类？

4. 将观察的几种植物的茎按照其形态、质地和生长习性填入表 1.1 中。

5. 将观察的几种植物叶的形态特征填入表 1.2 中。

表 1.1　植物的形态特征

植物名称	茎的性质	茎的质地	生长习性	分枝方式

表 1.2　植物叶的形态特征

项目		植物名称							
形态									
叶序									
单叶或复叶									
叶片	形状								
	叶尖								
	叶基								
	叶缘								
	叶脉								
	叶质								
叶柄	有或无								
托叶	有或无								
叶鞘	有或无								
叶舌	有或无								
叶耳	有或无								
完全叶或不完全叶									

实验2　植物繁殖器官的形态观察

花是被子植物的繁殖器官，是起生殖作用的变态短枝，花的各部分可以看作变态的叶子。植物亲缘关系相近，则花的结构和组成也相似。裸子植物没有真正的花。

被子植物的果实是由受精后雌蕊的子房膨大发育而成，其中子房壁发育形成果皮，胚珠发育形成种子。由子房发育而成的是真果，而由子房和子房以外的部分发育成的果实为假果，由一朵花发育形成的果实为单果，由花中多个离生雌蕊发育形成的果实为聚合果，而由花序发育而来的果实为聚花果。另外，根据成熟时果皮的形态（是否肉质化、是否成熟时开裂、是否有翅等）、子房的结构和胎座类型等，可以将果实分成不同的类型。

种子是胚珠经过受精作用而形成的繁殖器官。成熟的种子通常由种皮、胚乳和胚三部分组成，但也有缺少胚乳的。被子植物的种皮、胚乳和胚分别来自于珠被、受精极核（$3n$）和受精卵（$2n$）；裸子植物的种子不同于被子植物，包含3个不同的世代：胚来源于受精卵（$2n$），为新一代的孢子体；胚乳来源于雌配子体（n），雌配子体由大孢子发育而成，下端的原叶体部分即为胚乳；种皮来源于珠被（$2n$），为老一代的孢子体。另外，裸子植物还有由大孢子叶变态而成的假种皮。种子的形成，是植物演化史上一次重大的转折，胚在种皮的保护下，不易受到外界环境的干扰，为下一代的繁衍提供了保障。

由于花各部分的性状和果实受环境影响较小，不容易发生环境饰变，性状较营养器官稳定，因此在依据植物的形态特征鉴别植物种类时，花和果实的形态常常被作为鉴定植物种类的主要性状依据。

【实验目的】

掌握花的基本形态，学会正确描述花的方法；通过对花组成部分的比较观察，理解花形态的多样性；学会用花程式和花图式描述花的结构；了解果实的基本形态与特征；掌握各类种子的形态特征和结构。

【材料与器材】

花：玉兰（*Magnolia denudata*）或含笑（*Michelia figo*）、龙牙花、桃、梨（*Pyrus pyrifolia*）或苹果（*Malus pumila*）、玫瑰（*Rosa rugosa*）或月季（*R. chinensis*）、一串红（*Salvia splendens*）、牵牛、木槿（*Hibiscus syriacus*）、

木芙蓉（*H. mutabilis*）、吊灯花（*H. schizopetalus*）、荠菜（*Capsella bursa-pastoris*）、焯菜（*Rorippa montana*）、油菜（*Brassica campestris*）、诸葛菜（*Orychophragmus violaceus*）、百合（*Lilium brownii* var. *viridulum*）、蝴蝶花（*Iris japonica*）、白芨（*Bletilla striata*）等植物的花。

花序：油菜、车前（*Plantago asiatica*）、杨、柳、胡萝卜、菊花（*Dendranthema morifolium*）、金盏菊（*Calendulae officinalis*）、万寿菊（*Tagetes eracta*）、蒲公英、无花果（*Ficus carica*）、小叶榕（*Ficus microcarpa* var. *pusillifolia*）、黄葛树（*F. lacor*）、唐菖蒲（*Gladiolus gandavensis*）、石竹（*Dianthus chinensis*）、一品红（*Euphorbia pulcherrima*）、泽漆（*E. helioscopia*）、益母草、风轮菜（*Clinopodium*）、牛筋草（*Eleusine indica*）等植物的花序。

果实：玉兰、含笑、八角（*Illicium verum*）、桃、李（*Prunus salicina*）、杏（*P. armeniaca*）、葡萄、番茄（*Lycopersicon esculentum*）、黄瓜（*Cucumis sativus*）、橘、梨、苹果、落花生（*Arachis hypogaea*）、紫荆（*Cercis chinensis*）、荠菜、油菜、焯菜、牵牛、向日葵、玉米、小麦、水稻、板栗（*Castanea mollissima*）、榆树、枫杨、胡萝卜、草莓（*Fragaria ananassa*）、无花果、桑（*Morus alba*）、凤梨（*Ananas comosus*）等植物的果实。

种子：蚕豆、玉米、蓖麻（*Ricinus communis*）、小麦、荠菜等植物的种子。

器材：放大镜、解剖针、镊子等。

【实验内容】

1 花和花序的形态观察

在被子植物中，一朵完整的花由花柄、花托、花被、雄蕊群、雌蕊群组成（图 1.14）。

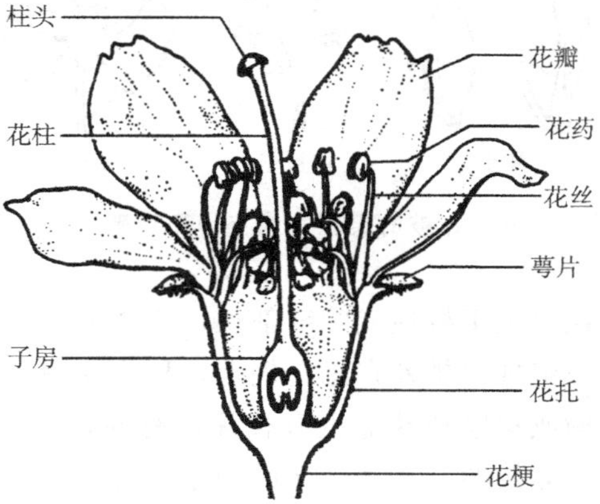

图 1.14 花的基本组成（汪小凡和杨继，2006）

一朵花如果同时具有花萼、花冠、雄蕊群和雌蕊群四个部分，称为完全花，缺少其中的任一部分都称为不完全花；通过花的中心可作几个对称面（辐射对称）的花叫做整齐花，通过花的中心只可作一个对称面（两侧对称）的花叫做不整齐花（图 1.15），主要是由于花的某一轮器官的形状和大小不一所致。

根据花中雌蕊、雄蕊的有无，把花分为两性花、单性花、无性花（中性花）三类。

根据花被的有无和分化情况可将花分为重被花、单被花和裸花（或无被花）（图 1.16）；花冠的类型（图 1.17）、雄蕊群的类型（图 1.18）、花药开裂的方式（图 1.19）和着生方式（图 1.20）、雌蕊的类型（图 1.21）、子房在花托上的位置（图 1.22）、胎座的类型（图 1.23）、胚珠的类型（图 1.24）等均是被子植物分类的重要依据。

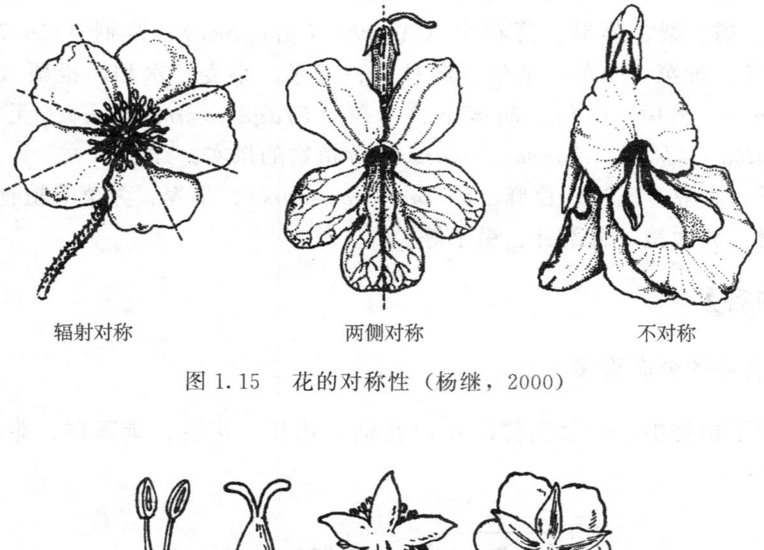

图 1.15 花的对称性（杨继，2000）

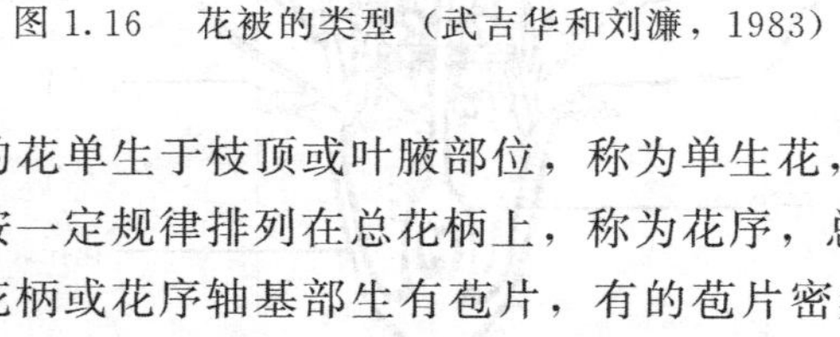

图 1.16 花被的类型（武吉华和刘濂，1983）

有些被子植物的花单生于枝顶或叶腋部位，称为单生花，如玉兰、桃；大多数被子植物的花则按一定规律排列在总花柄上，称为花序，总花柄称为花序轴或花轴。每一朵花的花柄或花序轴基部生有苞片，有的苞片密集在一起形成总苞，如向日葵。根据花序轴分枝的方式和开花的顺序，将花序分为无限花序和有限花序两类（图 1.25）。

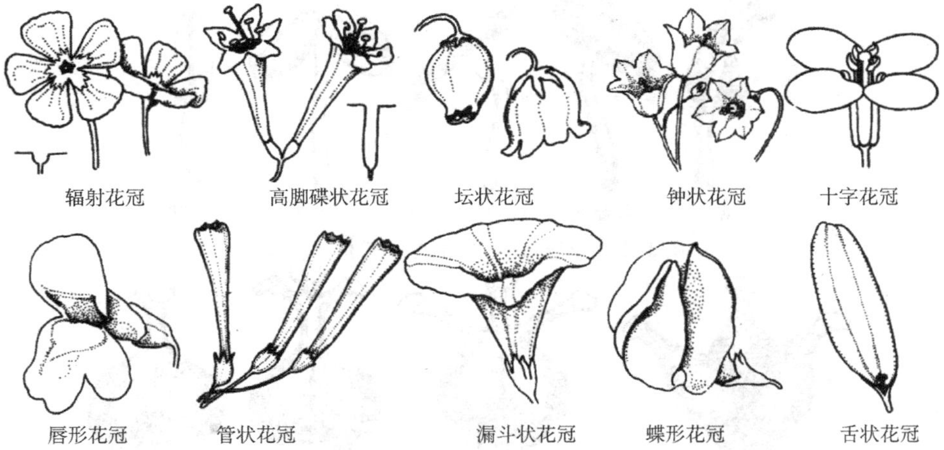

图 1.17　花冠的类型（杨继，2000）

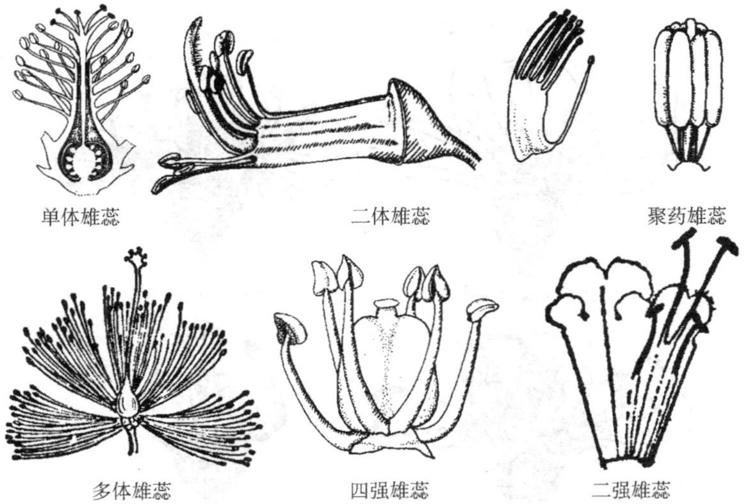

图 1.18　雄蕊群的类型

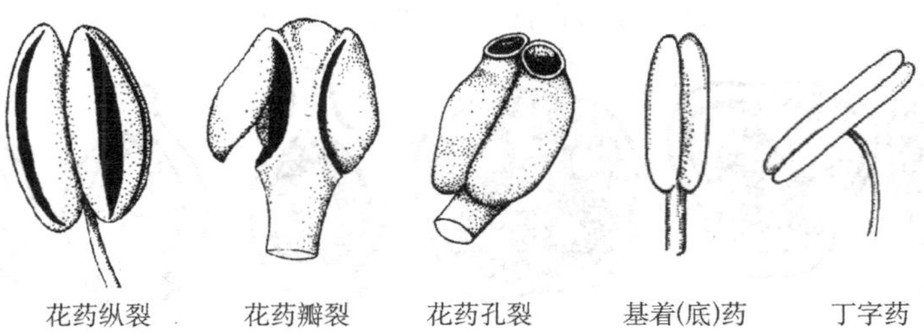

图 1.19　花药开裂的方式（改自杨继，2000）

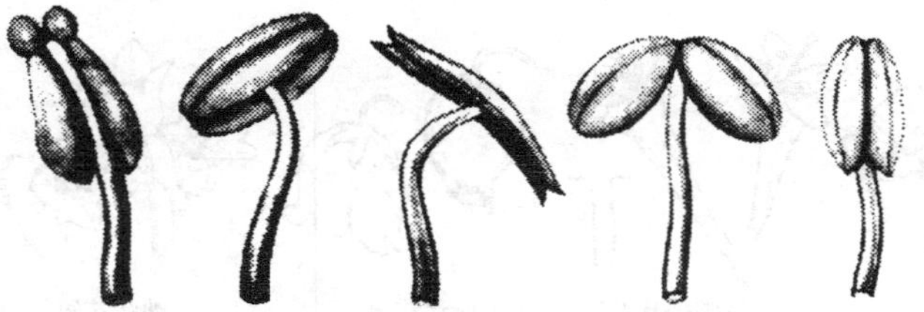

图 1.20　花药着生的方式（汪矛，2003）

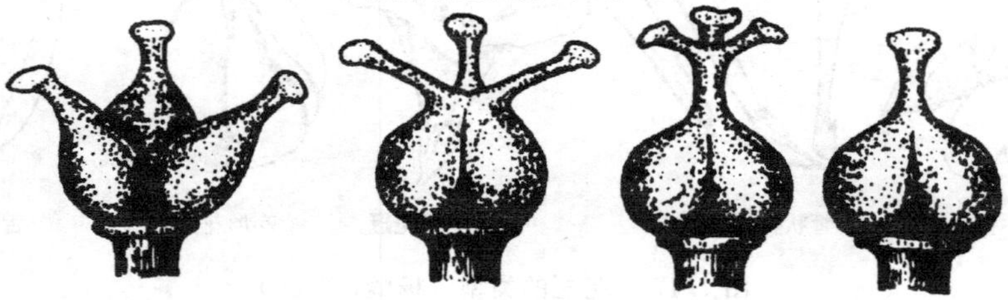

图 1.21　雌蕊的类型（杨继，2000）

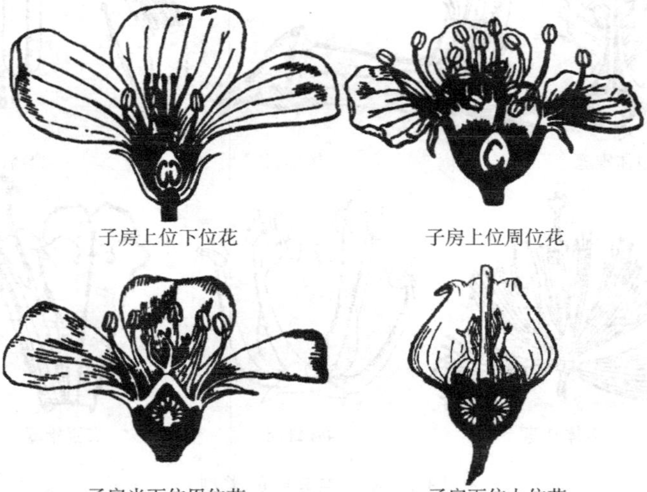

图 1.22　子房在花托上的位置（杨继，2000）

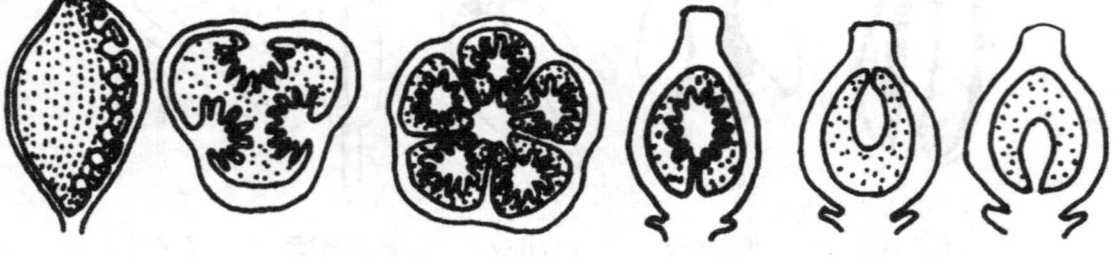

图 1.23　胎座的类型（改自金银根，2006）

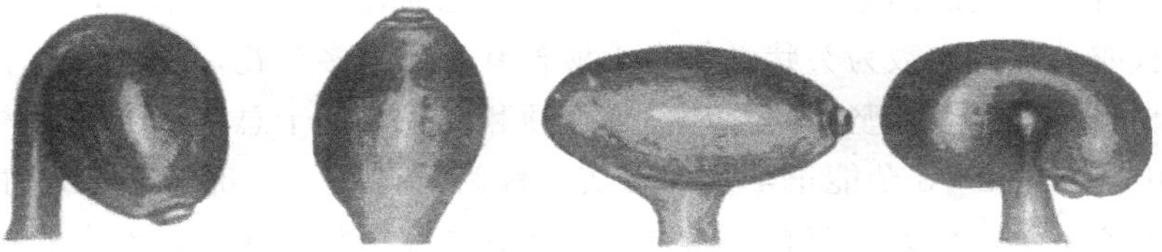

图 1.24　胚珠的类型（汪矛，2003）

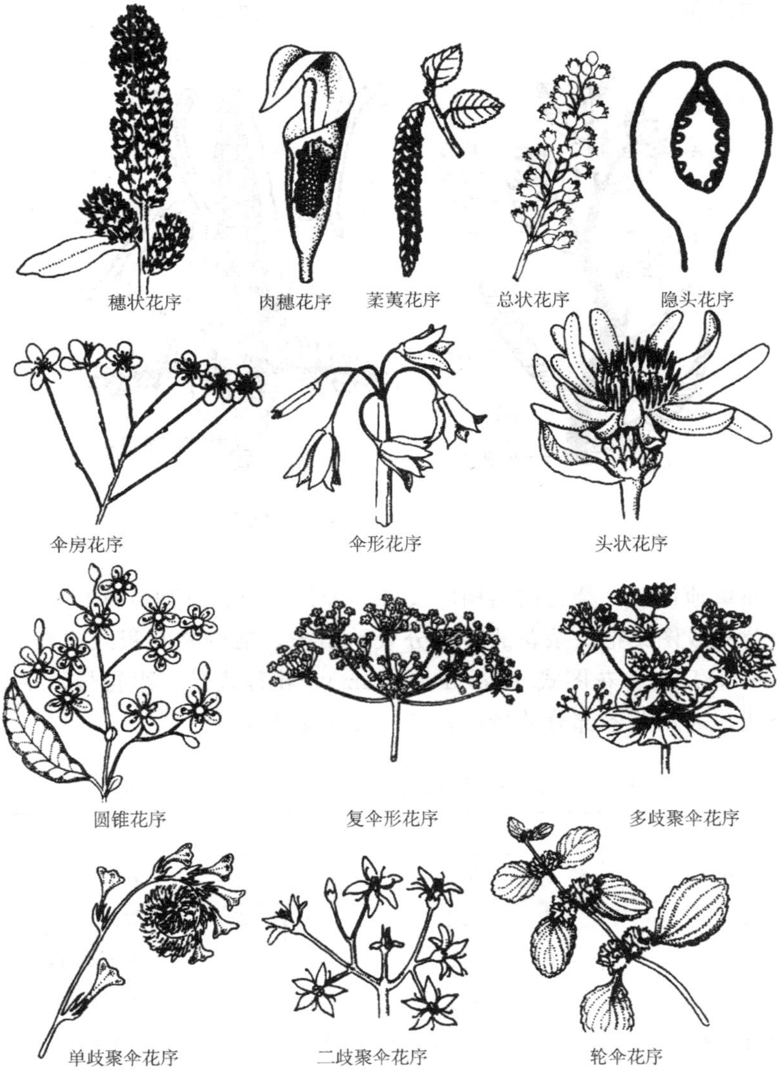

图 1.25　花序的类型

禾本科植物花的形态和结构比较特殊，小穗为花序的基本单位，排列出圆锥状、穗状或总状，少数为头状。每个小穗含有 1 朵至多朵花，在小穗轴上成两列互生。小穗基部有 2 片坚硬的颖片，称外颖和内颖，属于总苞片。颖片内有几朵花，其中基部的 2～3 朵能正常发育结实，称为能育花，上部的几朵往往发育不完全，不能结实，称为不育花。能育花外面有 2 片鳞片状薄片，外边的 1 片是花基部的苞片，称外稃，里面 1 片称内稃，属于外轮花被。内稃里面有 2 片小形囊状突起，称为浆片，属于内轮花被。开花时，浆片吸水膨胀，使内稃、外稃撑开，露出花药和柱头。柱头羽毛状，少数扫帚状（图 1.26）。

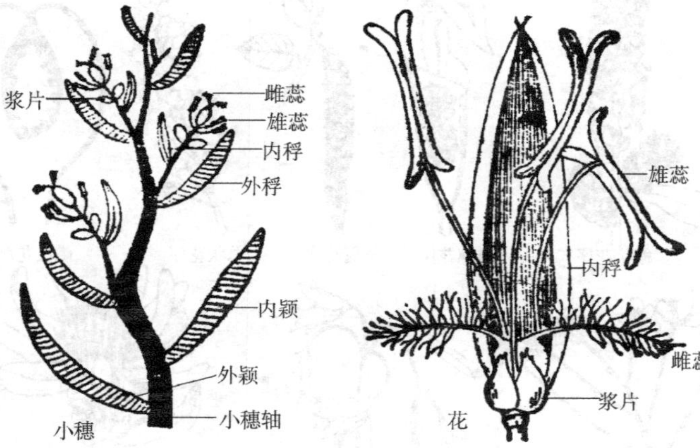

图 1.26　禾本科植物的小穗和花图解

为了简单地说明一朵花的结构以及各部分的组成、排列位置和相互关系，可以用一个公式或图案把一朵花的各部分表示出来，前者称花程式或花公式（floral formula），后者称花图式（floral diagram）。花程式是一组符号、字母和数字构成的公式，表示花各部分的特征，具体含义见表 1.3。

表 1.3　花程式各部分的含义（改自沈显生等，2003）

符号	含义	字母	含义	数字	含义
⚥	两性花	P	花被	0	表示缺
♂	雄花	K	花萼	1，2，3，…	数目
♀	雌花	C	花冠	3～5	表示变动范围
♀♂/	雌雄同株	A	雄蕊	∞	不定数或多数
♀/♂	雌雄异株		$\underline{G}$：子房上位	5、10	5 或 10
↑	两侧对称	G	雌蕊 $\overline{G}$：子房下位	5∶5∶∞	5 心皮，5 室，每室胚珠多数
			$\overline{\underline{G}}$：子房半下位		

续表

符号	含义	字母	含义	数字	含义
*	辐射对称				
+	雄蕊与花瓣或花被对生				
（　）	表示合生				
+	表示轮数或雄蕊的结合				
↖	表示贴生				
⌣	基部结合				
；、，	用于字母之间				
：	用于数字之间				

例如，大豆的花程式为⚥ $\uparrow K_{(5)}C_5A_{(9)+1}\underline{G}_{(1:1:\infty)}$，其意义为两性花；两侧对称；花萼 5 枚，合生；花瓣 5 枚，离生；雄蕊 10 枚，9 枚合生，1 枚分离；子房上位，1 心皮，组成 1 室，胚珠多数。

花图式是用图解的方式表示花横剖面简图，借以说明花各部分数目、排列位置、离合情况、排列情况和胎座类型，即花的各部分在垂直花轴的平面上的投影。花图式绘制的基本符号有许多，一般用小圆环表示花序轴（单生的花无），三角空心括号表示苞片（单生的花无），阴影三角表示花萼，实心括号表示花瓣，以花药的横切面表示雄蕊，子房横切面表示雌蕊，其他还有许多附属的表示方法。例如，伞形科、桔梗科和百合科的花图式，如图 1.27 所示。

伞形科　　　　桔梗科　　　　百合科

图 1.27　伞形科、桔梗科和百合科的花图式（沈显生等，2003）

花的解剖方法有两种：一种是过花的中轴做纵剖；另一种是自外向内按顺序剥取花的各部分。开花时，雌蕊较小，注意从形态和结构上分辨单雌蕊、离生雌蕊和复雌蕊。合生心皮可以通过分离的柱头或花柱判断心皮的数目，也可以通过横剖子房观察，这样既可以了解心皮的数目，又可以观察到不同的胎座类型。

仔细观察玉兰（或含笑）、象牙红、桃、梨（或苹果）、玫瑰（或月季）、一

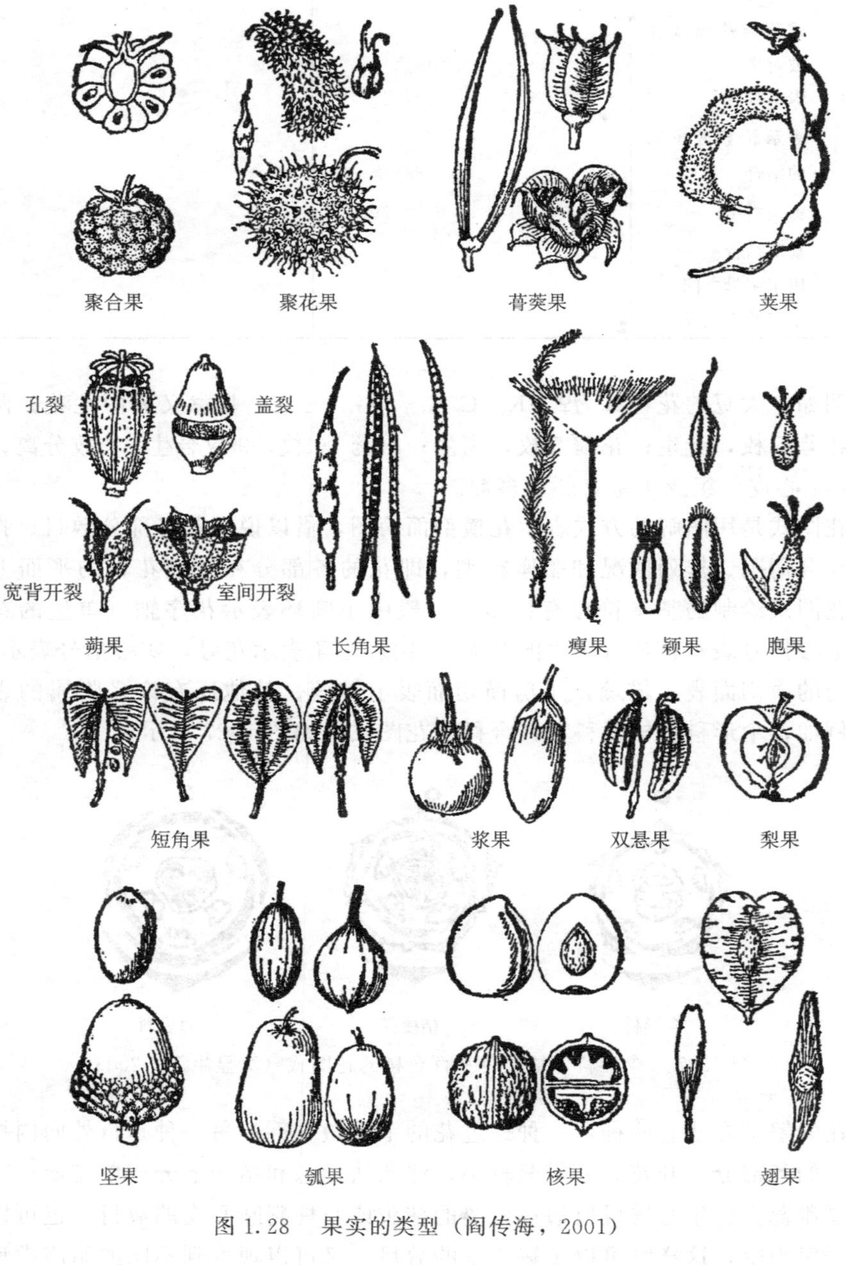

图 1.28　果实的类型（阎传海，2001）

串红、牵牛、木槿（木芙蓉、吊灯花等）、荠菜（或焯菜、油菜、诸葛菜等）、百合、蝴蝶兰、白芨等植物的花，选择 3～5 种植物，仔细观察以后填写表 1.4。

观察油菜、车前、杨（或柳）、胡萝卜、菊花（或金盏菊、万寿菊、蒲公英等）、无花果（或小叶榕、黄葛树等）、唐菖蒲、石竹（或康乃馨）、一品红、泽漆、益母草（或风轮草等）、牛筋草等植物花序的形态特点，并判断属于何种类型的花序。

2　果实形态的观察

被子植物的果实是鉴别科属不可缺少的特征。果实可分为三类：单果、聚合果和聚花果（复果），其中单果又分为肉质果和干果两类（图 1.28）。

观察玉兰（或含笑）、八角、桃（或李、杏等）、葡萄、番茄、西瓜（或黄瓜、南瓜等）、橘（或橙）、梨（或苹果）、花生（或紫荆、决明、菜豆、豌豆等）、荠菜、油菜（或焯菜）、牵牛、向日葵、玉米（或小麦、水稻等）、板栗、红枫、榆树、枫杨、胡萝卜、草莓、无花果、桑葚、凤梨等植物果实的主要特点，识别和判断不同类型的果实。

3　种子形态的观察

观察蓖麻、大豆、玉米、银杏等植物的种子，区分种皮、胚乳、子叶和胚，比较不同植物种子在形态和结构上的差异。

【作业与思考题】

1. 填表

（1）观察不同植物的花和花序，将结果记录在表 1.4 中。

表 1.4　花的形态

植物名称	花程式	花冠类型	雄蕊群类型	雌蕊群类型	子房位置	胎座类型	花序类型

（2）观察不同植物的果实，将结果记录在表 1.5 中。

2. 绘制百合花的花图式。

3. 如何区别无限花序和有限花序？

表 1.5　果实的形态

植物名称	真果/假果	单果/聚合果/聚花果	果皮性质	开裂情况

实验3　植物的多样性与植物检索表的编制和使用

在长期的进化历程中，由于异质环境和自然选择的作用，植物在形态、生态、生理、遗传水平上发生分化。这种前进进化和辐射适应的结果产生了地球上丰富的物种多样性。保护物种资源及其与环境所构成的生态综合体，对人类自身的生存和发展具有至关重要的意义。生物对环境的适应可以在不同结构水平上体现出来。植物的外部器官直接与环境相作用，其形态特征可以反映植物对特定环境的适应。不同植物类群的形态差异也反映它们之间的进化关系，从而提供对它们进行自然分类的基础。虽然细胞生物学、分子生物学、植物化学等手段在植物分类研究中越来越受到重视，但由于形态特征本身就是遗传基因的特定表达，物种之间的形态差异在很大程度上反映其基因结构和功能的差异。同时，直观的形态特征易于观测，具有很大的方便性和实用性。因此，以形态特征为基础的传统分类方法目前仍占主导地位。

植物界种类繁多，有关植物的分门没有统一的意见，本书采用16门分类系统（图1.29）。

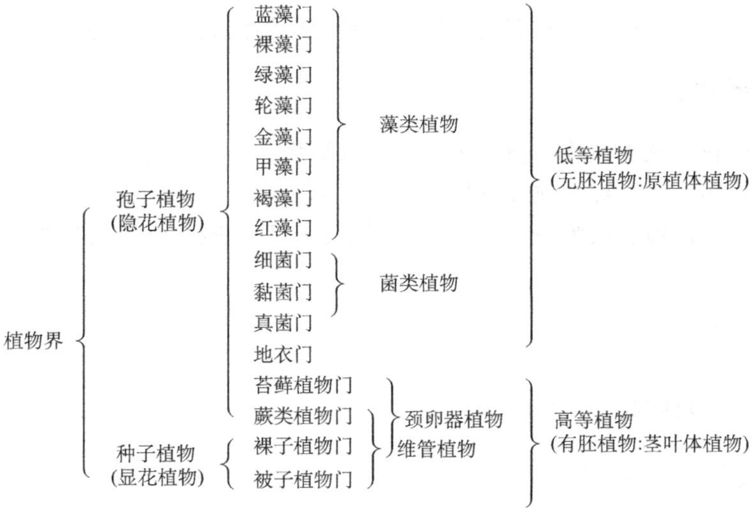

图1.29　植物界的类群（马丹炜和张宏，2008）

藻类植物、菌类植物、苔藓植物和蕨类植物以孢子进行繁殖，这些植物合称为孢子植物（spore plant）。孢子植物没有开花结实现象，故又称为隐花植物

(cryptogamae)。与此相对，裸子植物与被子植物均以种子进行繁殖，故称为种子植物（seed plant）。由于种子植物均能开花，所以又称为显花植物（phanerogamae）；藻类植物、菌类植物、地衣植物合称为低等植物（lower plant），低等植物在形态上没有根、茎、叶分化，故称为原植体植物（thallophyte），构造上无组织的分化，生殖器官单细胞，合子发育时离开母体，不形成胚，又称为无胚植物（noembyophyte）；苔藓植物、蕨类植物、裸子植物、被子植物称为高等植物（higher plant），高等植物在形态上有根、茎、叶的分化，称为茎叶体植物（cormophyte），构造上有组织的分化，生殖器官多细胞，合子在母体内发育为胚，故又称为有胚植物（embryophyte）；苔藓植物和蕨类植物的雌性生殖器官均以颈卵器（archegonium）的形式出现，裸子植物的绝大多数种类也具有颈卵器，三者合称为颈卵器植物（archegoniatae）；蕨类植物、裸子植物和被子植物均有维管组织，因此称为维管植物（vascular plant）；被子植物因为有雌蕊，故也称为雌蕊植物（gynoeciatae），与高等植物中具有颈卵器的其他类群相区别。

【实验目的】

（1）通过比较和观察植物界各大类群主要代表植物的形态特征，了解植物的多样性和植物界的进化发展。

（2）通过观察植物形态特征与其生活环境相适应的事实，理解结构与功能、生物与环境的统一和物种多样性形成的机制。

（3）初步掌握植物检索表的编制方法和使用检索表鉴定植物的方法。

【材料与器材】

实验材料：藻类植物、菌类植物、地衣植物、苔藓植物、蕨类植物、裸子植物、被子植物的新鲜标本或浸制标本、腊叶标本。

器材：显微镜、放大镜、解剖针、镊子、刀片、吸水纸；植物志、高等植物图鉴等工具书。

【实验内容】

1　植物界的多样性

1.1　藻类植物的多样性

藻类植物是自养的原植体植物和低等植物。藻体基本上没有根、茎、叶分化，多为单细胞个体，或为多细胞组成的丝状体、球形体或枝状体。除蓝藻为原核生物外，其余藻类均为真核生物。

观察念珠藻属（*Nostoc*）、螺旋藻属（*Spirulina*）、衣藻属（*Chlamydo-*

monas)、水绵属（*Spirogyra*）、轮藻属（*Chara*）、紫菜属（*Porphyra*）、海带属（*Laminaria japonica*）等植物的演示标本。

1.2　菌类植物的多样性

细菌门（Bacteriophyta）为原核生物，单细胞，绝大多数异养，种类繁多，根据形态分为球菌、杆菌和螺旋菌。

黏菌门（Myxomycophyta）为一团裸露、多核、变形虫状且能运动吞噬固体食物的原核体，具有动、植物的特征。

真菌门（Eumycophyta）属于真核异养生物，细胞内不含叶绿素，也没有质体，主要营寄生或腐生生活。真菌是一个很大的类群，由于它们常固着生长，细胞具细胞壁，传统上将其归为植物界。除少数单细胞类型外，绝大多数真菌的植物体由菌丝组成，低等真菌的菌丝一般为无隔菌丝，具多核；而高等真菌的菌丝多为有隔菌丝。在绝大多数真菌的生活史中，只有核相交替，而没有世代交替。

观察真菌门的常见代表：

根霉属（*Rhizopus*）：将新鲜馒头切成数片，在空气中暴露 1h，然后放入垫有湿滤纸的培养皿中，保持水分，在 25～30℃的恒温培养箱中培养 3～4d，馒头表面长出白绒毛（为根霉的菌丝体），再过 1～2d，菌丝顶端长出黑色小点——孢子囊。用镊子挑取少量根霉菌制成临时装片，观察其结构。

青霉属（*Penicillium*）：实验前一周，取新鲜橘皮用水浸湿，放在垫有湿滤纸的培养皿中，保持水分，在 25～30℃的恒温培养箱中培养 3～4d，橘皮表面长出白色青霉菌丝体，再经过 1～2d 以后菌丝变成绿色（为青霉的分生孢子）。取青霉菌丝体放在载玻片上，滴 1 滴 5%KOH 溶液，盖上盖玻片，在显微镜下观察其形态结构。

酵母属（*Saccharomyces*）：取 1 滴米酒水，做成临时装片，在显微镜下观察其形态结构。

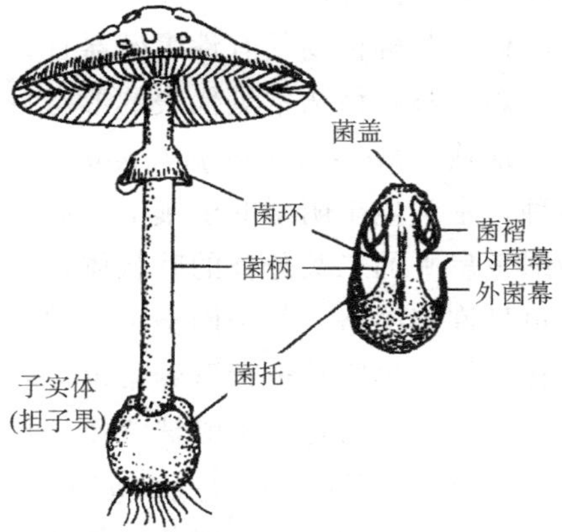

图 1.30　伞菌的形态

伞菌科（Agaricaceae）：伞菌的子实体由许多菌丝交织而成，由菌盖、菌柄、菌环、菌托等组成（图 1.30）。菌托与土壤或基质接触，菌丝可深入到基质中吸取营养。取蘑菇（*Agaricus campestris*）子实体，观察其外形，辨认菌盖和菌柄两部分。在菌柄中上部有一白色膜质的菌环，菌盖的下面是许多放射状排列的薄片，称为菌褶。子实层就位于每一片菌褶的两面。菌柄在接近菌褶处的环状薄片为菌环。

观察平菇（*Pleurotus ostreatus*）、银耳（*Tremella fuciformis*）、木耳（*Auricularia auricula*）、灵芝（*Ganoderma lucidum*）等植物的实物标本。

1.3 地衣的多样性

地衣是多年生植物，是由一种真菌和一种真核或原核藻类形成的共生体。共生的真菌多为子囊菌，少数为担子菌，极少数为半知菌。藻类主要是蓝藻（念珠藻）和绿藻（共球藻、橘色藻）。在一般情况下，菌占地衣的大部分，包围藻类细胞，并决定地衣体的形态。藻则在复合体的内部，成一层或均匀分布。藻类为整个植物体制造养分，而菌类则吸收水分与无机盐，为藻类制造养分提供原料，并围裹和保护藻细胞。按外部形态，地衣可以分为三类：壳状地衣、叶状地衣和枝状地衣；按照藻类和真菌相互分布的层次关系，分为同层地衣和异层地衣。

观察壳状地衣、叶状地衣、枝状地衣的实物标本，了解其形态。

1.4 苔藓植物的多样性

苔藓植物是由水生生活环境向陆地生活方式过渡的类群之一，是高等植物中比较原始的类群。苔藓植物没有维管组织的分化，所以也没有真正的根、茎、叶的分化。在苔藓植物的生活史中，配子体世代占有明显的优势。苔藓植物的营养体是配子体，其孢子体不能独立生活，只能寄生或半寄生在配子体上。苔藓植物的配子体有两种形态：一类是无茎叶分化的叶状体；另一类是有类似茎叶分化的茎叶体。苔藓植物的有性生殖器官为精子器和颈卵器。

观察苔藓植物常见代表的形态特征：

地钱（*Marchantia polymorpha*）：是苔纲植物常见的代表植物，为世界广布种，常常生于阴湿的土壤上。通常生活于阴湿的墙角、水沟和水井边。营养体为绿色扁平的二叉分枝的叶状体，在叶状体分支前端凹陷处为生长点，叶状体背面可见许多网格，每个网格中央的白点为气孔；腹面有假根和鳞片。背面常可见芽杯，能产生胞芽进行营养繁殖。雌雄异株，雄器托圆盘状，具细长的柄，生于雄株背面；雌器托生于雌株背面，具8～12条指状芒线。

葫芦藓（*Funaria hygrometrica*）：为藓纲常见植物，多生于富含有机质的土壤上，常见于村边、墙角、林间火烧过的地上。营养体（配子体）为茎叶体，绿色，矮小，直立，叶舌形。在茎基部有许多毛发状的假根，在茎顶端有生长点。雌雄同株、异枝，雄枝顶端叶形宽大且向外张开，形似开放的花朵，剥开叶可见叶丛中生有许多精子器和侧丝，它们共同构成了雄器苞；雌株顶端叶紧包，形似顶芽，剥开叶，可见内生的数个带柄的颈卵器，它们共同构成雌器苞。孢子体为黄褐色，从配子体中伸长，其顶端膨大的部分即为孢蒴。在孢蒴顶端有一蒴帽。

1.5　蕨类植物的多样性

蕨类植物是一群进化水平最高的孢子植物，也是孢子体世代占优势的植物类群。蕨类植物的孢子体内有了维管组织的分化，绝大多数具有根、茎、叶的分化；其配子体多为背腹性的绿色叶状体，能独立生活，有性生殖器官为精子器和颈卵器。

我国蕨类植物学家秦仁昌教授将蕨类植物门分为 5 个亚门：松叶蕨亚门（Psilophytina）、石松亚门（Lycophytina）、水韭亚门（Isoephytina）、楔叶亚门（Sphenophytina）和真蕨亚门（Pilicophytina）。

观察石松（*Lycopodium japonicum*）、江南卷柏（*Selaginella moellendorffii*）、问荆（*Equisetum arvense*）、节节草（*E. ramosissimum*）、紫萁（*Osmunda japonica*）、蕨（*Pteridium aguilinum* var. *latiusculum*）、井栏边草（*Pteris multifida*）、铁线蕨（*Adiantum capillus-veneris*）、海金沙（*Lygodium japonicum*）、贯众（*Cyrtomium fortunei*）、满江红（*Azolla imbricata*）、槐叶苹（*Salvinia nutans*）等常见蕨类植物的标本。

1.6　裸子植物的多样性

裸子植物具有维管组织和颈卵器，能形成球花，产生花粉管，形成种子，且种子外面没有果皮包被的高等植物。种子的形成，有助于植物的散布、胚的保护和幼孢子体的成长；花粉管的产生使受精作用摆脱了水的限制。裸子植物的孢子体发达，并占绝对优势，而配子体则退化，寄生于孢子体上，因此，更有利于陆生生活。

观察苏铁（*Cycas revoluta*）、银杏、油松（*Pinus tabulaeformis*）、雪松（*Cedrus deodara*）、柳杉（*Cryptomeria fortunei*）、杉木（*Cunninghamia lanceolata*）、水杉（*Metasequoia glyptostroboides*）、圆柏（*Sabina chinensis*）、侧柏（*Biota orientalis*）、南洋杉（*Araucaria cunninghamia*）、罗汉松（*Podocarpus macrophyllus*）、买麻藤（*Gnetum montanum*）等常见裸子植物的形态特征。

1.7　被子植物的多样性

被子植物通常依据子叶的数目、叶脉特征和花的基数特点分为双子叶植物纲（Dicotyledoneae）或木兰纲（Magnoliopsida）和单子叶植物纲（Monocotyledonea）或百合纲（Liliopsida）。按照克朗奎斯特系统，木兰纲（Magnoliopsida）下设 6 个亚纲：木兰亚纲（Magnoliidae）、金缕梅亚纲

(Hamamelidae)、石竹亚纲(Caryophyllidae)、五桠果亚纲(Dilleniidae)、蔷薇亚纲(Rosidae)和菊亚纲(Asteridae)。绝大多数学者认为，木兰亚纲是现存被子植物中最原始的类群。单子叶植物有5个亚纲：泽泻亚纲(Alismatidae)、棕榈亚纲(Arecidae)、鸭跖草亚纲(Commelinidae)、姜亚纲(Zingiberidae)和百合亚纲(Liliidae)，其中以鸭跖草亚纲和百合亚纲的种类最多。

观察玉兰、荷花玉兰(*Magnolia grandiflora*)、含笑、扬子毛茛(*Ranunculus siebodii*)、桑树、构树(*Broussonetia papyrifera*)、无花果、板栗、石竹、繁缕(*Stellaria media*)、木槿、扶桑、野葵(*Malva verticillata*)、南瓜(*Cucurbita moschata*)、栝楼(*Trichosanthes kirilowii*)、垂柳(*Salix babylonica*)、油菜、荠菜、绣线菊(*Spiraea salicifolia*)、月季、贴梗海棠(*Chaenomeles speciosa*)、含羞草(*Mimosa pudica*)、紫荆、决明(*Cassia tora*)、刺槐、紫藤、一品红、泽漆、蓖麻、爬山虎、胡萝卜、龙葵(*Solanum nigrum*)、益母草、风轮菜、蒲公英、慈姑(*Sagittaria sagittifolia*)、棕榈(*Trachycarpus fortunei*)、马唐(*Digitaria sanguinalis*)、牛筋草、毛竹(*Phyllostachys pubescens*)、凤尾竹(*Bambusa multiplex*)、百合、麦冬(*Ophiopogon japonicus*)、白芨、建兰(*Cymbidium ensifolium*)等植物的标本，了解被子植物各亚纲的主要区别。

2 植物检索表的编制和使用

2.1 植物检索表的构成与类型

认识常见的植物种类所采用的方法就是在对植物标本进行全面的观察后，查阅各种工具书（如植物志、图鉴、图说、图谱手册以及各科、属、种的专著等）对其进行鉴定。为了能快速、方便地得出所需的结果，无论哪种工具书，都在书中编制了检索表，并且在检索过程中首先得到应用。因此，植物检索表已成为鉴定植物、认识植物种类不可缺少的工具，也是认识植物的一把钥匙。

检索表是通过一系列的从两个相互对立的性状中选择一个相符的，放弃一个不符的方法，从而达到鉴定的目的。广泛采用的检索表有两种：定距检索表和平行检索表。目前采用较多的为定距检索表。

定距检索表：相对立的特征编为同样的号码，并且在左边同样的位置开始，每组性状编排时，向右退一格。例如，蔷薇科4个亚科的分亚科检索表如下：

1. 蓇葖果；心皮5，离生；常无托叶 ………………………… 绣线菊亚科(Spiraeoideae)
1. 果不开裂；具托叶。
  2. 子房上位；心皮1或2至多数，分离。
    3. 心皮2至多数，离生；聚合瘦果或蔷薇果；多复叶 …… 蔷薇亚科(Rosoideae)
    3. 心皮单生；核果；单叶 ………………………………………… 李亚科(Prunoideae)

2. 子房下位；心皮 2～5，合生；梨果 ………………………… 苹果亚科（Maloideae）

平行检索表：其特点是左边的字码平头写，在种类多时可以节约篇幅，以蔷薇科 4 个亚科的分亚科检索表为例：

1. 蓇葖果；心皮 5，离生；常无托叶 ……………………… 绣线菊亚科（Spiraeoideae）
1. 果不开裂；具托叶 ………………………………………………………………… 2
2. 子房上位；心皮 1 或 2 至多数，分离 ………………………………………… 3
2. 子房下位；心皮 2～5，合生；梨果……………………………… 苹果亚科（Maloideae）
3. 心皮 2 至多数，离生；聚合瘦果或蔷薇果；多复叶 …………… 蔷薇亚科（Rosoideae）
3. 心皮单生；核果；单叶 ……………………………………………… 李亚科（Prunoideae）

2.2　编制检索表应注意的问题

（1）检索表中包含多少个被检索对象完全是人为地编辑在一起的，可以按某一地区、某一类群或某种用途进行编辑。

（2）认真观察和记录植物的特征，并列出特征比较表，以便找出各类植物之间最突出的区别。

（3）在选用区别特征时，最好选用相反的或易于区分的特征，千万不能采用似是而非或不肯定的特征。采用的特征要明显稳定，最好选用仅用肉眼或手持放大镜就能看到的特征。

（4）有时同一种植物由于生长的环境不同既有乔木也有灌木，遇到这种情况时，在乔木和灌木的各项中都可以编进去，这样就可以保证查到。

（5）检索表的编排号码，只能用两个相同的，不能用三项以上，如 1，1；2，2。

（6）为了验证编制的检索表是否适用，还需要到实践中验证。

2.3　检索表的使用

（1）对植物的各部分特征，特别是花的各部分构造，要做细致地解剖观察。因此，要鉴定的标本一定要完整，尤其是要有花、果。

（2）要根据植物的特征从头按次序逐项往下查，决不能跳过一项去查下一项，因为这样极易发生错误。

（3）要全面核对两项相对性状，如果第一项性状看上去已符合手头的标本，也应继续读完相对的另一项性状，因为有时后者更合适。

（4）在核对两项性状后仍不能做出选择或手头的标本缺少检索表中要求的特征时，可分别从两个方面检索，然后从所获的两个结果中，通过核对两个种的描述或图作出判断。

（5）根据检索的结果，对照植物标本的形态特征是否和植物志或图鉴上的描述及图一致，如果全部符合，证明鉴定的结论是正确的，否则还需重新研究，直到完全正确为止。

【作业与思考题】

1. 编制植物界各大类群的分类检索表。
2. 根据你所观察到的各大类群的形态特征，总结植物界的进化趋势。

实验4　植物群落的数量分类和排序

长期以来，有关群落的性质存在着两种观点：一种认为群落就如同一个有机体，具有明确的界限，群落之间是间断的、可分的，称为“机体论学派”；另一种观点认为群落是连续的，不是可以分离的、无边界的实体，而种群是独立的，应采取生境梯度分析的方法即排序来研究群落变化，这些观点被称为“个体论学派”。实际上植物群落的存在既有连续的一面，又有间断的一面。在研究过程中，使用哪一种分类方法，要根据研究对象和研究目标确定。

实体是进行分类或排序的基本单位，如样方、标地、地段或群落，在排序分析中更多情况下是已经分类的群落类型。属性是描述实体数量特征的各个指标，如各个物种多度、盖度、重量、重要值、优势度等。

聚类分析是群落分类的一种，根据各群落或样方间的相似关系，将群落归纳为若干组，使组内的群落尽量相似，组间的群落尽量相异，把关系密切的聚为一个小的分类单位，把关系疏远的聚合到一个大的分类单位，从而形成一个从小到大的分类系统，最后形成一个树状分类图谱，从而在客观上达到对群落分类的目的。

排序是把一个地区内所调查的群落样地按照相似程度来排定位序，从而分析各样地之间及其与生境之间的相互关系。排序方法可分为两大类：一是直接排序，即以群落生境或其中某一生态因子的变化排定样地生境的位序，又称为直接梯度分析或梯度分析；另一类排序是群落排序，是用植物群落本身的属性（如种的出现与否，种的频度、盖度等）排定群落样地的位序，称为间接排序，又称间接梯度分析或组成分析。排序首先要降低空间的维数，即减少坐标轴的数目。如果可以用一维坐标来描述实体，则实体点就排在一条直线上；用二维坐标来描述实体，点就排在平面上，都是很直观的。如果用三维坐标，也可勉强将实体表现在立体图形上，一旦超过三维就无法表示成直观的图形。因此，排序总是力图用二维、三维的图形去表示实体，以便于直观地了解实体点的排列。但是，排序的方法应该使得由降维引起的信息损失尽量少，即发生最小的畸变。

通过排序可以显示出实体在属性空间中位置的相对关系和变化趋势。如果它们构成分离的若干点集，也可达到分类的目的；结合其他知识还可以用来研究演替过程，找出演替的客观数量指标。如果既用物种组成的数据，又用环境因素的数据去排序同一实体集合，根据两者的变化趋势，容易揭示出物种生长、分布与环境因素的关系，从而提出生态解释的假设。如果同时用这两类不同性质的属性

(种类组成及环境) 去对实体进行排序，更能找出两者的关系。

【实验目的】

(1) 使学生能够加深理解植物群落排序与分类的意义，认识植物群落分布与环境之间的相互关系。

(2) 通过群落的分类和排序，认识植物群落既有连续的一面，也有间断的一面。

(3) 利用 SPSS 统计软件的主成分分析功能进行群落排序；学习利用 SPSS 软件进行系统聚类的基本步骤和方法。

(4) 了解在研究过程中，使用哪种分类方法要根据研究对象和研究目标来确定。

【材料与器材】

全球定位系统 (global positioning system，GPS)、样方框、测绳、皮尺、钢卷尺、枝剪和普通剪刀、野外用秤、样方记录表、铅笔、计算机、SPSS 11.0 for Windows 统计软件、打印机等。

【实验内容】

1 取样调查

选取生境条件变化明显的自然植被群落进行野外实地调查。在野外选择随海拔梯度或沿某一环境梯度方向植被类型发生比较明显更替的区域，沿海拔梯度或某一环境梯度方向，根据当地地形和群落特点设置植物群落样方 (样方的选择详见实验 10)。

2 获取排序与分类所需要的群落学参数数据

在样方内记录各物种的定量数据，如密度、多度、频度、盖度等；根据需要获取研究区域的气象资料与地理参数数据，通过做土壤剖面样方获取土壤有机质含量，pH，土壤有效氮、磷、钾等参数数据。

3 室内分析

3.1 植物群落的数量分类

群落数量分类的一般过程如下：

数据调查与整理

↓

利用计算机软件计算属性的相似性系数

↓

选择聚类方法计算并完成聚类

↓

绘制树状图并分析结果

对群落的取样单位做聚类分析，要先做好各样方内种的重要值分析或优势度分析，计算取样单位的距离系数，根据样方间的距离系数，做出分类的树状图。聚类分析是逐渐减少组对的过程，如果有 N 个取样单位，要做 $N-1$ 轮的距离计算。常用的距离系数为欧式距离，为一种相异系数，可以表示为

$$d_{jk}^2 = \sum (x_{ij} - x_{ik})^2 \tag{1.1}$$

欧式距离没有确定的上界，各属性数据的量纲不同，大小相差悬殊，可先对每一个属性用极差、离差或标准差等方法标准化，然后再求出实体间的距离。如果是多个样区，首先计算每两个样区间的欧式距离 d_{jk}，列成对称矩阵，再计算样区间的欧式距离矩阵，写出新的欧式距离矩阵，重复多次，将全部样区合并成一组，最后绘制出树状图。

SPSS（statistical package for the social science）是世界著名统计分析软件之一，在经济学、生物学、心理学、医疗卫生、体育、农林、商业、金融等领域中得到广泛应用。下面介绍用 SPSS11.0 软件对实体进行聚类的具体过程和输出图表分析。

聚类分析的操作步骤如下：

1）建立 SPSS 数据文件

SPSS 数据表中的 m 列代表 m 个属性变量，n 行代表 n 个实体。需在数据表中键入标识实体的变量（即实体编号），并在 Variable 表的 Type 列下拉框中选择“String”。

2）依次点击 Analyze→Classify→Hierarchical Cluster，展开系统聚类分析主对话框“Hierarchical Cluster Analysis”

在 Cluster 栏中选择聚类类型：进行实体聚类选择“Cases”项（此为系统默认项）；进行变量聚类选择“Variables”项。然后将参与分析的变量送入“Variable(s)”框中。如果进行实体聚类，还需将标识实体的变量送到“Label Cases by”栏中。

3）确定聚类方法

单击主对话框中“Method”按钮，展开“Method”子对话框，暂定聚类运算、相似性测度以及对数据进行标准化的方法。

(1) Measure 选择框，选择相似性系数的测度方法。根据变量类型的不同，可分别从 3 个复选框进行选择：连续数据选择 Interval；计数数据选择 Count；二元数据选择 Binary。

对于连续变量，可将实体看成为 m 维属性空间的一个点，实体之间的相似程度可用 m 维空间中点与点之间距离的大小来衡量。距离越近的点，相似程度越高，聚类时，更可能归为一类。SPSS 提供的测度样本相似性的系数包括内积系数和距离系数两类。其中，内积系数（如相关系数与角余弦系数）为相亲系数，其绝对值越大，表示两个实体越相似；距离系数（包括欧氏距离和绝对值距离）属于相异系数，其取值无明确上界，值越大，表示两个实体越不相似。

(2) Transform Values 栏，选择对变量进行标准化处理的方法。

(3) Transform Measure 栏，选择测度转换方法。如果聚类分析使用的是已经存在的矩阵，可在该栏中对输入矩阵进行必要的转换，而对已经按某种方法计算了相似性测度的一般不再转换。

(4) Cluster Method 框，选择聚类运算方法。

SPSS11.0 共提供 7 种计算类间距的方法。根据各方法特点的不同，可分为以下 4 组：①最近邻体法和最远邻体法，以两类中极端样本之间的距离作为类间距。②中位数法和重心法，以两类的中心点或重心点之间的距离作为类间距。③组间平均联结法和组内平均联结法，以两类中各样本之间距离的平均值作为类间距。④Ward 最小方差法，也称离差平方和法。

4) 选择要求输出的统计量

单击主对话框中的“Statistics”按钮，展开“Statistics”子对话框，选择需要输出的分析表格和统计量。

(1) Agglomeration schedule 复选项，要求输出凝聚状态表（系统默认项）。凝聚状态表给出了聚类过程的详细信息。因此可以根据凝聚状态表跟踪聚类的全过程。

(2) Proximity Matrix 复选项，要求输出各样本间的相似性系数矩阵。产生什么类型的矩阵取决于在 Method 对话框中对 Measure 的选择。注意：如果样本量很大，该选择项产生的输出量也很大。

(3) Cluster Membership 栏，要求输出将样本聚为指定类数时各样本的归属情况（类编号）。

5) 选择需要输出的聚类分析图

单击主对话框中的“Plots”按钮，展开“Plots”子对话框，选择需要输出的聚类分析图。

(1) Dendrogram 选择栏，要求输出树状图。

(2) Icicle 复选框，要求输出冰状图。冰状图所反映的信息已包括在凝聚状态表中。

(3) Orientation 栏，选择冰状图的显示方向。只有在上栏中选择生成冰状图，才能激活本栏。

6) 选择生成新变量

可将每个样本被归属的类的编号作为新变量的值，保存到当前的工作数据文件中。

7) 单击 OK 按钮，执行 Cluster 过程

在 SPSS 聚类图中，各个类之间的距离位于 0～25 的坐标值内。以距离最大（或相似性最小）的两类间的距离作为 25，以此为标准，将其他各类的距离换算到 0～25。值越小，表示越相似。令 y 表示在 0～25 范围内某两小类间距离的换算值，则：

对于距离系数：$y=25\times$该两小类的聚合系数/最大聚合系数

对于相似性系数：$y=25\times$(1－该两小类的聚合系数)/(1－最小聚合系数)

系统聚类分析的主观性较强。在聚类分析过程中，如何选择合适的相似性测度和聚合方法，如何判断聚类结果是否可信或具一般性，以及如何依据聚类结果确定最佳分类数目等，均是在实际研究中需要解决的、复杂而又带主观性的问题。一般应根据研究对象的特点、研究工作的目的、各种方法本身的优缺点等来进行选择。如有可能，最好采用多种方法进行比较，决定取舍。而且，对于聚类分析得到的结果，必须运用专业知识去判定和解释。

3.2 植物群落的排序

最早使用的间接梯度分析方法是极点排序法。其后，主成分（或主分量）分析（principal components analysis，PCA）法问世，它具有严格的数学基础，是所有近代排序方法中用得最多的一种。主成分分析法的一般过程如下：

原始数据中心化

↓

计算属性间的内积矩阵 S

↓

求出内积矩阵 S 的特征根和特征向量

↓

求 N 个样方的排序坐标

↓

估计属性对主分量的作用

上述各步骤的具体计算方法请参见阳含熙和卢泽愚（1982）编写的《植物生态学的数量分类方法》一书。

在进行主成分分析时，可以利用 SPSS 统计软件进行分析。主成分分析的操作步骤如下：

1）在 SPSS 数据表中建立原始数据文件

在进行主成分分析时，SPSS 数据表中的 m 列代表 m 个属性变量，n 行代表 n 个实体。

2）打开因子分析“Factor Analysis”主对话框

单击 Analyze→Data Reduction→Factor，弹出因子分析主对话框。其下方有 5 个并列的功能按钮，可弹出相应的子对话框，设置各个选择项和输入相关命令。

3）指定参与分析的变量

选中需要分析的变量，将其送入右边的变量框中。

4）选择描述统计量

单击“Descriptives”按钮，弹出“Descriptives”子对话框。主要选项的含义为：

（1）Statistics 复选框，选择要求分析和输出的统计量。

Univariate descriptives：要求输出各原始变量的均值和标准差等统计量，即“Descriptives Statistics”表。

Initial solution：要求给出初始因子分析结果。

（2）Correlation Matrix 复选框，提供了几种判断原始变量是否适合作因子分析的检验方法。

主成分分析是从多个原始变量中综合出少数几个具有代表意义的主成分变量，这就要求原始变量之间具有较强的相关性。SPSS 提供了几种统计方法来检验原始变量是否符合因子分析的要求。在 7 个选项中，左边 4 个比较常用。

Coefficients：要求给出原始变量的相关系数矩阵。这是最简单的判断方法。

如果大部分相关系数都小于 0.3，并且未通过统计检验，那么这些原始变量就不适于进行因子分析。

Significance levels：要求给出每个相关系数相对于相关系数为 0 的单尾假设检验的概率值。

Determinant：要求给出相关系数矩阵的行列式的值。

KMO and Bartlett’s test of sphericity：要求进行 KMO 和 Bartlett 检验。KMO 检验的取值范围为 0～1，越接近于 1，表明越适合作因子分析。其标准为：KMO＞0.9，非常适合；0.8＜KMO＜0.9，适合；0.7＜KMO＜0.8，一般；0.6＜KMO＜0.7，不太适合；KMO＜0.5，不适合。Bartlett 检验的零假设为不同变量之间的相关系数为 0。如果计算得到的统计量较大，且其对应的概率值小于给定的显著性水平，那么应该拒绝零假设，认为原始变量之间存在相关性，适合于作因子分析；反之，则不能拒绝零假设。

5）选择因子提取方法

单击主对话框中的“Extraction”按钮，弹出“Extraction”对话框，选择不同的因子提取方法，指定控制提取结果的依据。

（1）Method 选择框，选择因子提取方法。单击 Method 下拉参数框右边的箭头，展开提取方法选择项表。SPSS 共提供 7 种因子提取方法，其中主成分分析是系统默认的选择项，最为常用。

（2）Analyze 选择框，指定提取主成分所依据的矩阵类型。

Correlation Matrix：依据变量的相关系数矩阵进行分析。原始变量测度单位不同时必须选择此项。

Covariance matrix：依据变量的协方差矩阵进行分析。原始变量测度单位相同时可选择此项。

（3）Extract 选择框，指定提取主成分数目的判据（二者选其一）。

Eigenvalues over：要求依据键入的特征值大小来决定提取主成分的数目。系统默认值为 1，即要求提取那些特征值大于 1 的主成分。

Number of factors：直接指定提取主成分的数目。键入 0～m 的正整数。

（4）Display 复选框，指定与提取主成分有关的输出项。

Unrotated factor solution：要求显示旋转前的主成分分析结果，此为系统默认项。关于旋转的说明见后面步骤 6）。

Scree plot：要求显示主成分与其特征值的碎石图，按特征值从大到小的顺序依次显示出所有主成分的特征值及其变化。

（5）Maximum iterations for Convergence 参数框，指定提取主成分的最大迭代次数，系统默认值为 25。

6）选择旋转方法

单击主对话框中“Rotation”按钮，弹出“Rotation”子对话框，选择因子载荷矩阵的旋转方法和要求输出的结果。

在前面得到的因子载荷矩阵（component matrix）中，可能会出现某 1 列中多个元素均较大的情况。这表明某个主成分可能解释多个原始变量的信息，却不是任何 1 个变量的典型代表，主成分变量的含义模糊不清。对于这种情况，可以通过因子载荷矩阵的旋转来进行坐标变换，使因子载荷得以重新分配，使原始变量与主成分的关系更为清晰，有助于对主成分的解释和命名。

（1）Method 选择框，选择旋转方法。SPSS 共提供了 6 种旋转方法，其中以“Varimax”最常用。该方法要求进行方差最大正交旋转，使各因子上具有高载荷的变量数目最小，进而使因子的意义更加明确，简化对因子的解释。

（2）Display 复选框，指定与旋转有关的输出项。

Rotated solution：输出旋转后的结果。

Loding plot：输出旋转后的因子载荷散点图。如果提取 2 个主成分，则给出各原始变量在二维主成分坐标系中的散点图；如果多于 2 个主成分，则给出前 3 个主成分的三维因子载荷散点图；如果只提取了 1 个主成分，则不输出载荷散点图。

(3) Maximum iterations for convergence 参数框，指定因子载荷矩阵旋转收敛的最大迭代次数。系统默认值为 25。

7) 对因子得分进行设置

单击主对话框的“Scores”按钮，展开“Factor Scores”子对话框，选择是否将计算得到的因子得分作为新变量保存和显示。

(1) Save as variables 选择栏，将因子得分以变量形式保存在原始数据文件中。

若选择此项，则对每一次分析产生一组新变量并保存在原始数据文件中。新变量名的一般形式为“Fac*i* _ *j*”。其中，*j* 为分析次数，*i* 为第 *i* 个主成分。新变量 Fac*i* _ *j* 的第 *k* 个数据为第 *k* 个实体对应的因子得分。

(2) Method 选择框，选择因子得分计算方法。

系统提供了三种方法。其中，回归法 Regression 最为常用，是系统默认选择项。

(3) Display factor score coefficient matrix 选择栏，输出因子得分系数矩阵，并显示因子得分协方差矩阵。

8) 选择其他分析结果的输出方式以及对带有缺失值的观测量进行处理的方法

单击主对话框中的“Options”按钮，展开“Options”子对话框。

(1) Missing Values 选择框，选择处理缺失值的方法。

Exclude cases listwise：要求剔除所有带缺失值的实体后再进行分析。

Exclude cases parewise：要求成对剔除带有缺失值的观测量。对于带有缺失值的实体，除缺失值外的其他数据仍照样可以参加计算分析。选择此项可以最大限度利用来之不易的原始数据。

Replace with mean：当分析计算涉及含有缺失值的变量时，要求用该变量的均值代替缺失值。

(2) Coefficient Display Format 复选框，选择载荷系数显示格式。

Sorted by size：要求将载荷系数按大小排列并构成矩阵，使在同一主成分上具有较高载荷的变量排在一起，以便分析主成分的实际意义。

Suppress absolute values less than：要求不显示那些绝对值小于指定值的载荷系数。系统默认的临界值为 0.10。也可在后面的框中键入其他 0～1 的数作为临界值。

9）各子对话框设置完毕后，单击主对话框的 OK 按钮，执行运算，并输出分析结果

主成分分析的输出结果："Descriptive Statistics"表给出了原始变量的一般统计量，包括各原始变量的均值（Mean）和标准差（Std. Deviation）、参与统计分析的实体数（Analysis *N*）以及缺失观测量数（Missing *N*）。

利用因子得分变量作散点图：打开带有新变量的 SPSS 数据表，依次点击"Graphs"、"Scatter"菜单项，弹出"Scatterplot"对话框，选择散点图类型"Simple"（若最终保留 3 个主成分，则选"3-D"），单击"Define"按钮，展开"Simple Scatterplot"对话框。选中因子 1 的得分"REGR factor score 1 for analysis 1（fac1 _ 1）"，送入"X Axis"框中；选中因子 2 的得分"REGR factor score 2 for analysis 1（fac2 _ 1）"，送入"Y Axis"框中（若为 3 个主成分，则还需将因子 3 的得分送入"Z Axis"框中）。同时将变量"样地编号"送入"Lable Cases by"框。单击 OK 按钮，输出排序结果。

【作业与思考题】

1. 对于得到的排序或分类结果，给出环境解释。
2. 什么是排序？排序方法可分为哪两类，各有什么特点？
3. 群落的分类和排序有何不同与联系？排序在生态学研究中有什么意义？

实验5 植被图的绘制和阅读

植被图指植物群落类型分布图，它是某一地区各级植被分类单位依其空间分布状况，按比例绘制而成的地图。它体现了某一地区植被研究的具体成果，是植被研究的一项重要内容。其特点是直观、形象地把各种植被（或植物群落）及其空间组合分布情况表示出来。植被图为清查植被资源、制定开发利用方案、进行环境质量评价以及县级自然-经济区划提供参考资料。植被图更广泛概念还包括植被区划图、植物群落图、生境图、区系图和植物地理分布图。

【实验目的】

了解植被图的基本知识和主要类型；了解和掌握现状植被图的绘制方法和阅读方法。

【材料与器材】

绘图铅笔、三角板（一套）、直尺、量角器、圆规、彩色铅笔、小刀、橡皮、纸张、植被图。

【实验内容】

1 植被图的绘制

目前世界各国出版的植被图以现状植被图数量最多，制作比较精细，方法较为成熟，这种植被图用途较广泛，是编绘其他图类的基础资料。现状植被图一般多为大比例尺或特大比例尺的植被图，制图过程见图1.31。

（1）选定适当比例尺的地形图作为底图。底图一般都用现成的，只是在做特大比例尺植被图而又无现成底图时才需自测，无论如何在开始制图之前就要做好选定底图的工作，以便野外制图能够顺利进行。一般野外实习限于较小的范围，如一个农场、牧场、林场等，可使用大比例尺的底图，以1/10 000～1/50 000为宜。

（2）制图地区的植被调查。一个地区的植被制图，首先要对这个地区植被进行调查。可用Braun-Blanquet的典型样地记录法，也可以用标准样方法，总之要取得大量的样地记录，这是植被制图的基础。

（3）通过植被分类确定制图单位、拟定图例。对样地记录进行综合分析得出

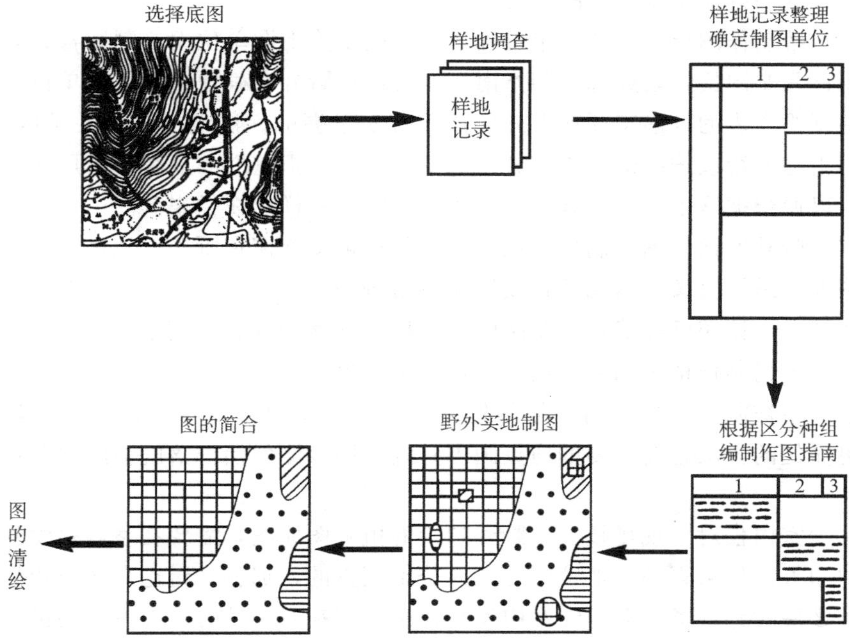

图 1.31 现状植被图的制图步骤（宋永昌，2001）

植被的分类单位，根据图的比例尺及各分类单位的分布状况，确定图的单位等级。分类的基本单位是群丛，中级单位是群系，高级单位是植被型。这是三个主要分类等级，在它们之上各设一个辅助组。在野外取得调查资料后，客观确定植被单位。大比例尺植被图的图例可以群丛作为制图单位。但是路旁、水边等小片植被群落范围狭小，呈镶嵌状分布时，在地图上不易表示，在这种情况下可进行群落单位的综合。中比例尺植被图主要以群系为制图单位；小比例尺植被图则采用高级群落分类单位。为了使植被图易读易懂，每一张植被图都应附有图例。图例的好坏直接影响植被图的质量。图例的拟定必须以一个完整的植被分类系统为基础。一般来说，不同比例尺图上的制图单位，必须采用与之相应的植被分类等级。但应注意，在同一幅植被图中，不一定都采用同一等级的植被分类单位，可根据情况采用植被分类单位的不同等级。实际上，除部分大比例尺的详测图采用同一等级的植被分类单位——群丛外，大多数植被图都采用不同等级的植被分类单位和类型的组合。例如，在生态环境比较单一，植物群落又不复杂的地区，中比例尺一般采用群丛组或群系作为制图单位；在生态环境比较复杂，植物群落在空间上变化大、类型复杂的地区，就不能采用群系作为制图单位，而必须采用群系的组合或群落复合体作为制图单位。在确定制图的图例时，为了使它们在图上有良好的识别效果，常常彩色和符号并用。简单的图例是用色标和符号加上数字即可，详细的则需附以图例的说明。

(4) 编制作图指南。图的单位确定后，就要为上图单位编制制图检索表。人们利用这张制图检索表或称制图指南，就可以在野外准确地鉴定群落单位，因此用以编制检索表的群落特征在野外应该是容易掌握的。法瑞学派用的是区分种。如果用生态外貌或按群落结构划分植被单位，应该把它们的显著特征用文字描述出来，以便根据这个指南允许几个工作者以完全一样的途径来制图。

(5) 野外实地作图。制作大比例尺现状植被图均需在野外实地进行，一般要在制图地区纵横交叉穿越几条路线以便找出每一类型的边界并标绘在图上。在选好的底图上，按照已经确定的制图图例，把各群落的现有分布范围按比例画在底图上。在现场制作植被图时，按已拟定的制图单位和图例，在空白地形图上边走边填绘。植被制图也是采用一般的地图作业，主要用目测和平板仪测量勾画轮廓。更简便的方法是在主要的地点画出基线，用步测勾绘群落间的距离和群落的轮廓。

(6) 室内校对与现场核实。野外勾绘的植被图原图，需要在室内描绘到另一幅空白图上。如果野外实地填图是几人分工调查的，那就要讨论、研究边界线的衔接，必要时到现场核对。经室内反复校正，并在有条件时再对调查地区作必要的踏勘与核对。

(7) 图的简合。简合是植被制图中图斑形状和内容的选择和综合过程，是为了使图清晰易读，重点突出。简合并不是在缩图时将图中形状和内容简单地剔除，而是把一些次要的细节合并和简化，从而反映出更一般性的地理分布规律。植被图内容的简合，通常包括把低级单位综合成高级单位，选择典型植被类型和去掉过渡性植被类型，以及把个别植被类型合并为组合。图斑形状的简合通常是为了反映不同植物群落面积的相互关系和分布规律，进行某些形状的选择和合并，或是为了避免图面上杂乱无章，而去掉那些即使在该比例尺图面上能表示出来，但妨碍分布规律明显性的次要图斑，并把图斑较小的次生植被类型，综合在顶极群落类型中。

(8) 植被图的清绘。为了得到一幅合格的植被图，对于野外或室内制成的草图要进行清绘，其中包括符号和颜色的选择以及图例的拟定。由于植被的多变特点，植被图上的色标和符号这类技术性问题至今并未达到完全的统一。

2 植被图的阅读

不同的植被图表示的内容不同，但阅读植被图的基本步骤都是一样的。阅读植被图的注意事项如下：

(1) 注意图名和比例尺。图名反映图幅的地区范围、图的类型和性质，比例尺反映图的精确程度。

（2）注意图例。图例是读图的中心内容，每幅植被图都用一些规定的符号、线条和颜色表示各种植被类型。

（3）注意各种植物群落单位的含义。例如，群丛、群系或植被型等各级植被分类单位的含义。在植被图中群丛、群系等单位被列为同一等级的图例，而中、小比例尺的植被图甚至使用若干群落的复合。

（4）仔细阅读植被图附加说明书。阅读说明书，详细了解调查地区自然环境特点，各种群落特征、演替动态及其利用价值，资源蕴藏量和开发利用途径等。如有条件最好参考其他地理要素的图件，加以分析比较。

阅读世界主要植被类型图（Walter，1979）或其他地区的植被图（如四川省植被类型图、中国植被类型图等），学习植被图的阅读方法。

【作业与思考题】

1. 阅读世界主要植被类型图或其他地区植被类型图，简要阐述世界植被（或其他地区植被）的主要特征，指出植被分布的主要规律。

2. 为什么说绘制大比例尺植被图，可以为合理利用土地资源提供科学依据？

实验6 植被的分布规律

植被是覆盖在地球表面的植物群。植被的分布与自然环境条件有着密切的关系。地理环境条件的差异是导致不同植物群落类型及其分布的主要原因。任何地区所分布的不同植物群落，都是对该地区环境条件综合的反应，都是植物群落对该地区环境条件长期适应的历史产物。

陆地表面地带性植被类型的分布主要取决于气候条件。热量和水分以及两者的配合状况反映了气候的根本特征。在地球表面，热量随纬度位置的不同而不同，水分随距离海洋的远近而发生变化。水热组合一方面导致气候、土壤、植被的分布沿纬度方向（南北方向）成带状发生有规律的更替，称为纬度地带性；另一方面又导致气候、土壤、植被的分布沿经度方向（东西方向）成带状发生有规律的更替，称为植被分布的经度地带性，两者统称为植被分布的水平地带性。此外，随着山体海拔高度的增加，气候、土壤、植被发生有规律的更替，这是植被分布的垂直地带性。山地植被垂直带的组合排列和更替顺序形成的体系，称为植被垂直带谱。在高山上，植物群落不可能分布到任一海拔高度，随着海拔升高，群落结构越来越简单，种类减少，群落高度降低。森林群落分布的上限，称为树线。每一座高山只要山顶存在永久雪盖，就都有它的树线高度。树线以上，植物分布的上限往往和永久雪线（常年为冰雪所覆盖的界线）的高度一致。同一气候带内，由于距离海洋远近不同，而引起干旱程度不同，因此植被垂直带谱也不相同。有人将纬度地带性、经度地带性和垂直地带性并称为“三向地带性”，形成所谓的“三向地带性”学说。植被分布主要取决于气候和土壤，它是气候和土壤的综合反映，所以地球上气候带、土壤带和植被带是相互平行、彼此对应的。

能充分反映气候类型特征的植被类型，称为地带性植被又称显域植被。地带性植被在地球表面常呈带状分布，与气候带（型）的界线大致相符，如热带雨林、季雨林、稀树草原、常绿阔叶林、常绿硬叶林、落叶阔叶林、荒漠、草原、寒温性针叶林、苔原等；与地带性植被相对应的概念是非地带性植被或隐域植被，是指受地下水、地表水、地貌部位或地表组成物质等非地带性因素影响而生长发育的植被类型，如草甸、沼泽、水生植被等。非地带性植被具有广布性特点，即某一非地带性植被类型可以出现在两个甚至两个以上的气候带，如草甸，从寒带至热带都能见到。地带性植被、非地带性植被的概念是前苏联植物群落学派提出的，类似于英美植物群落学派的气候顶极植物群落和土壤顶极植物群落的概念。

【实验目的】

通过实验和野外实习，使学生认识到地球上植被的分布规律及其成因，了解不同植被类型的环境特点、群落特征以及地理分布，进而了解环境和植被分布的相互关系。

【材料与器材】

计算机、多媒体投影仪、各种植被类型的教学光盘（各学校自行准备）。

样方绳或皮尺（50m）、记录表格。

【实验内容】

1　室内实验

投放课件素材，为学生提供背景知识，引导学生思考问题。

2　野外实习

本实验可结合植物地理学野外实习进行，实习地点应当尽量选择在环境逐渐变化的地区。例如，河流或湖泊沿岸地带，这里的地下水位由岸边到陆上高地逐渐降低，导致土壤及其理化性质的渐变，相应地可以观察到植物由沉水植物群落、浮叶植物群落、挺水植物群落到湿生植物群落、中生植物群落等逐渐过渡的类型。在干旱大陆性气候地区还能看到旱生植物群落。

选择随海拔升高（或沿某一环境梯度方向）植被类型发生比较明显更替的区域，如峨眉山、西天目山、庐山、太白山等，引导学生观察自下而上的环境演变和植被类型的更替，观察不同坡向的地段植被分布的差异性，分析不同坡向植被变化的原因（光照和热量条件的差异会引起其他生态条件变化）。

根据实地观察资料，总结各种植被类型的分布与生态因子之间的相互关系。

【作业与思考题】

1. 有哪些环境因素影响了植被在地球表面分布？
2. 从群落的基本特征比较热带雨林、常绿阔叶林和落叶阔叶林。
3. 分析影响山地植被垂直地带性分布的主要因素。

实验7 地理信息系统在植物地理学实习中的应用

地理信息系统（geographic information system，GIS）是一种采集、存储、管理、分析、显示与应用的计算机系统，是分析和处理海量地理数据的通用技术。它在最近的30多年内取得了惊人的发展，广泛应用于资源调查、环境评估、区域发展规划、公共设施管理、交通安全等领域，成为一个跨学科、多方向的研究领域，在林业、草场和植物数据库构建上也具有重要作用。在植物地理学实习中，可使用地理信息系统对植被信息进行采集、表达和初步空间分析，主要包括两个阶段，即数据采集和数据分析。

【实验目的】

根据植物地理学实习内容，在地理信息系统支撑下，对植被信息进行采集、表达和空间分析。

【材料与器材】

手持GPS、ArcView软件系统

【实验内容】

1 数据采集

1.1 点源调查方法

利用手持GPS对数据点进行空间信息采集。常用GPS的水平误差为5～8m，可用来对陆地卫星Landsat TM进行校正，这种格式的影像可用于植被盖度计算，在大面积植被调查中具有重要作用；较高精度的GPS误差为2～5m，可在小流域尺度范围中使用；高精度的GPS误差小于1m，可用于小尺度植被群落、物种的调查，甚至可用于植株调查。在一般植物地理学实习中，以坡面或沟道为调查单元的，常规GPS即可满足需要。

在调查过程中，可利用GPS本身的菜单功能，将数据点进行编号和记录，内容包括：

（1）经度：________°

（2）纬度：________°

（3）海拔：________m。

(4) 属性：______________。

例如，对校区内绿化植被的调查，获得下列数据：

No. 1 30.56 736N，104.19 407E 三叶草（*Trifolium*）

No. 2 30.57 037N，104.19 537E 小叶黄杨

No. 3 30.56 786N，104.20 039E 香樟

No. 4 30.56 542N，104.19 949E 小叶黄杨

No. 5 30.56 354N，104.19 905E 夹竹桃（*Nerium indicum*）

No. 6 30.56 594N，104.17 794E 美人蕉（*Canna generalis*）

No. 7 30.56 821N，104.19 623E 箭竹（*Fargesia spathacea*）

……

GPS支持直接数据录入的，可在录入时将属性记录进去，普通GPS需另用记录表，将对应点的属性在软件中录入。

1.2　线性分布植被和大面积植被调查方法

对于河岸、行道树、田埂等特殊线性植被的调查，根据调查目的需要设定间隔距离并连续用GPS采点。一般的，当调查样本数量较少时，间距较小；样本数量较多或跟踪线路长时，间距较大。其余依照点源调查描述的方法进行调查。

森林、草地、农田或水域等呈面状的群落或生态系统，在边界等间距连续采点，一块完整的调查区域由若干孤立的点确定范围，在后期处理中组合成封闭的多边形曲面，内部赋上调查的属性值。

2　属性的录入

ArcView是美国ESRI公司的早期GIS软件产品，由于界面简洁易用，刷新能力快，空间处理和制图能力强，仍然拥有广大用户群。ArcView在科学研究和生物学空间分析上也有重要应用。ArcView对空间属性的表达分成点、线、面三种形式，不同的主题可分层表达，其默认的数据格式是shapefile。如果在数据采集的时候是用经纬度方式确定坐标，一般就采用地理坐标系作为投影方式。

启动ArcView，在有读写权限的路径文件夹中生成一个空的点文件（图1.32）。此时文件处于编辑状态。

激活工具栏上的“Draw Point”，开始数据录入（图1.33）。

对采集的数据点，先输入坐标值，Y对应纬度，X对应经度（图1.34）。

确定后，启动工具栏上的“Open Theme Table”，在对应的属性表中去编辑属性（图1.35）。

属性表编辑器内，在Edit/Add Field上添加一个属性名称（图1.36）。

在对应字段中，添加相应点的调查属性（图1.37）。

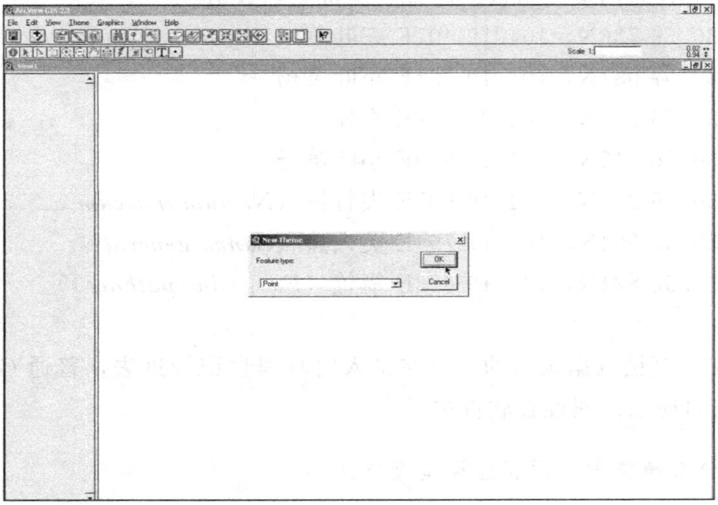

图 1.32　建立点文件

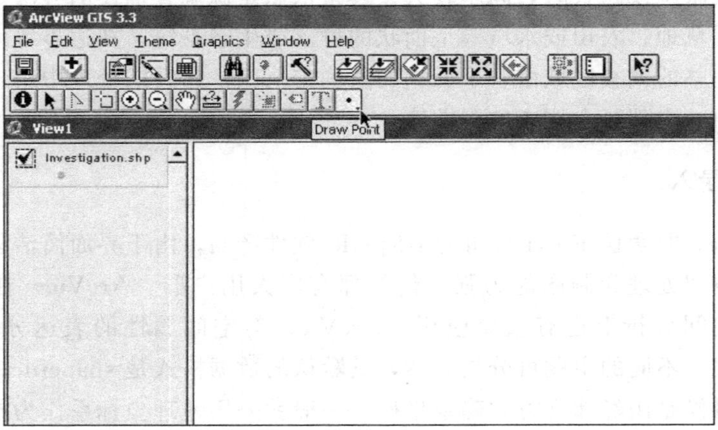

图 1.33　增加点

其结果将在空间数据的查询中显现出来（图 1.38）。

所有数据点均采用上述方法一一录入。

如 GPS 和计算机有良好接口，则能从 ArcView 中直接读入，省去大量的手工繁琐操作。

线状和面状植被属性采集，还需要后期处理，生成单独的线文件或面文件。

所有植被调查的属性都将在 GIS 中显现出来（图 1.39），和其他基础数据叠

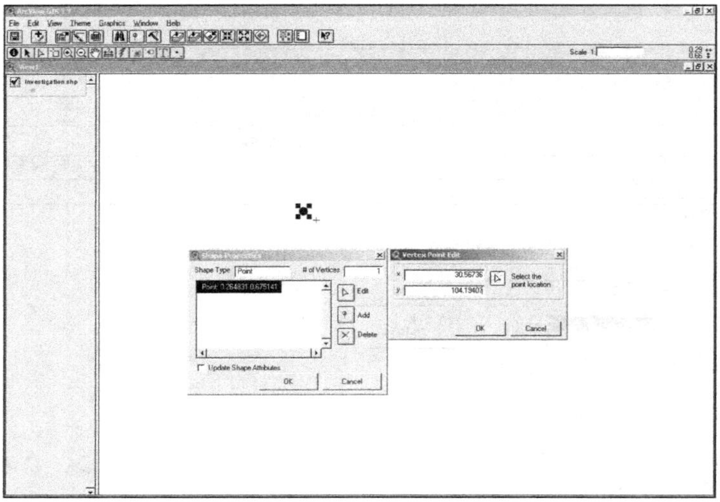

图 1.34　输入经纬度坐标

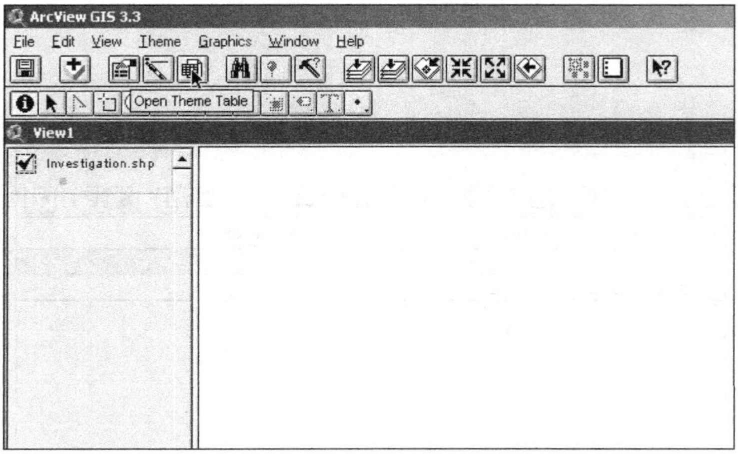

图 1.35　打开属性表

加并符号化后，空间属性的特点更加突出（图 1.40）。

设美人蕉和箭竹的美观度为 3，香樟的美观度为 2，其余的美观度为 1，则根据样点校区植被的美观度等值线分布，如图 1.41 所示。

在 ArcView 中，比较容易输出具有严格意义的地图，可完整地表达调查数据及其空间属性关系（图 1.42）。

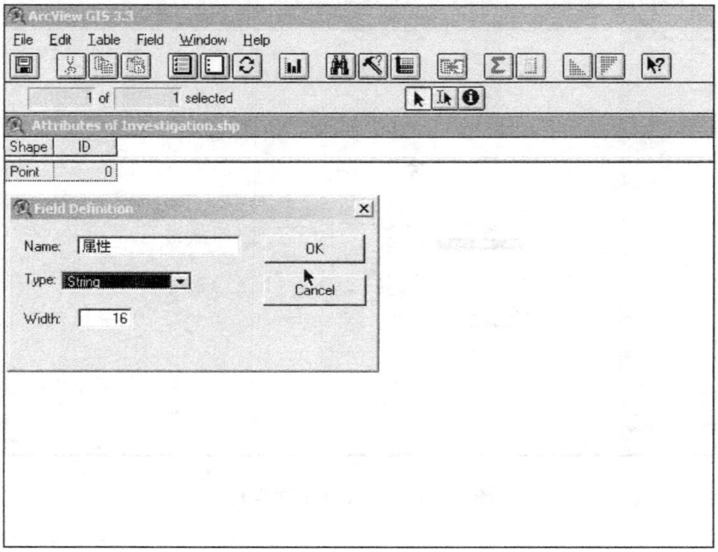

图 1.36　增加新字段

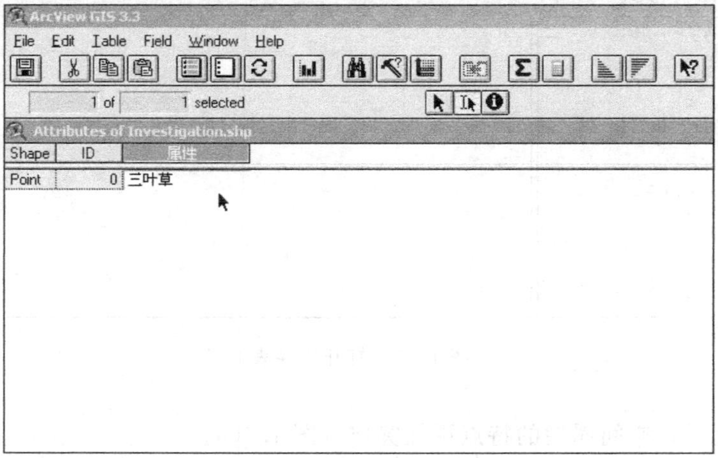

图 1.37　添加属性值

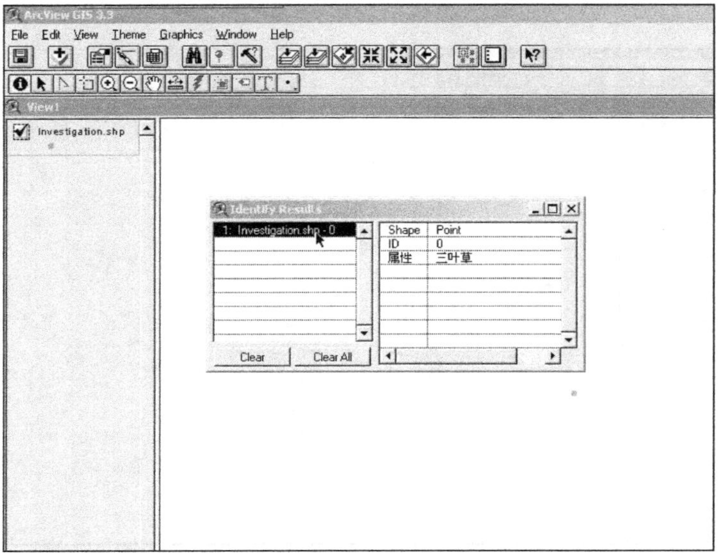

图 1.38 查询属性值

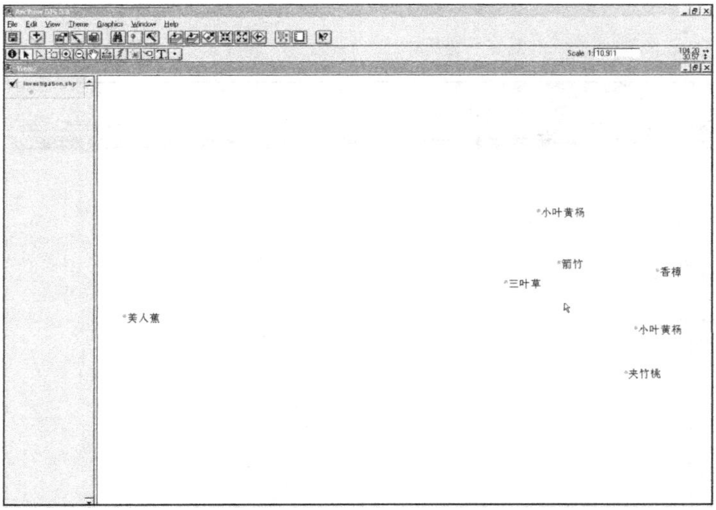

图 1.39 显示调查点

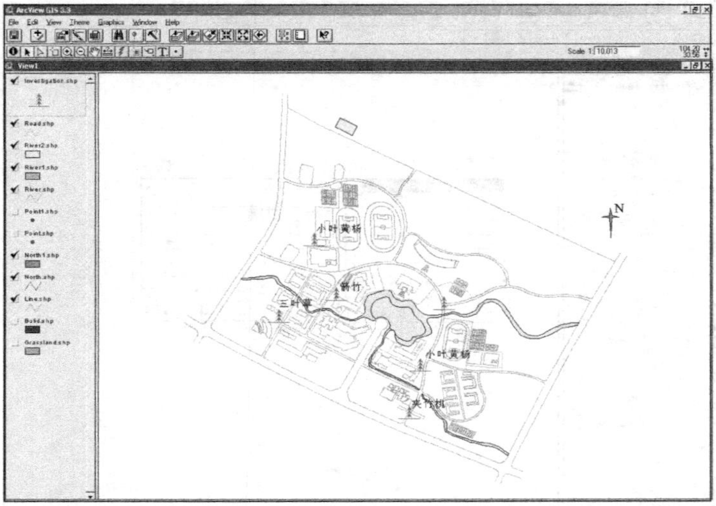

图 1.40　叠合显示

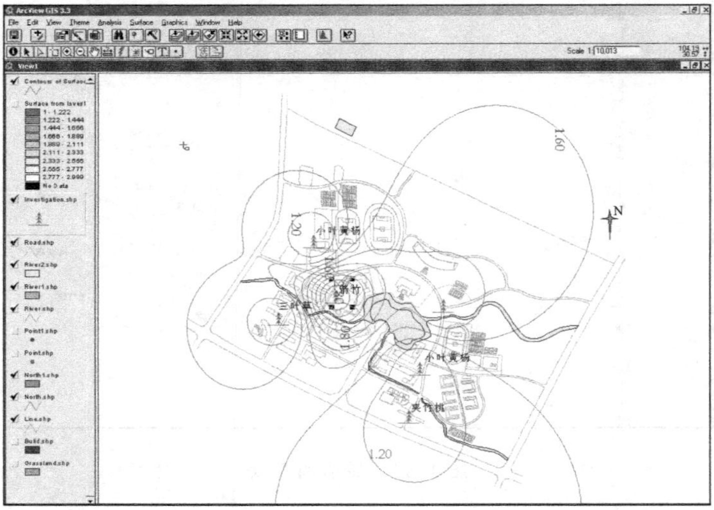

图 1.41　美观度等值线分析

图 1.42　综合图版输出

【作业和思考题】

1. 可以用 GPS 测量森林和草地生态系统的覆盖率吗？

2. 地理信息系统可以表达一个区域内不同植被类型吗？

3. 在园区里用 GPS 调查珍贵观赏植物（点状）、绿化带（线状）和绿地（面状）并赋予属性，在地理信息系统中表示出来并作出分析。

第二部分　综合性实验

实验8　种子植物的野外调查和植物区系分析

植物区系是某一地区、某一时期、某一分类群、某类植被等所有植物的总称。同一植物区系的分布范围大体与具有某一特征的自然环境相联系，反映了其发展进程与古地理或现代自然条件间的关系。植物区系分析对于认识一个地区的地质历史具有重要的意义。在许多情况下，植物分布区的形状和植物区系组成不能用现代的生态因素解释，而只能用地史因素解释。因此，根据一个地区的植物区系分析可以判断该地区的地质变迁。一般来说，一个地质上古老的地区其植物区系种类比较丰富，而年青的地区其植物相对比较贫乏。通过植物区系分析，可以查明植物较高级分类学单位（如科）发生上的许多问题。

【实验目的】

（1）通过对学校所在地区种子植物的野外调查，使学生熟悉野外植物调查的基本方法。

（2）认识区域常见植物。

（3）分析区域植物区系特征，使学生掌握植物区系分析的方法。

【材料与器材】

放大镜、镊子、铅笔、笔记本、计算器或计算机、检索表、植物志、《高等植物图鉴》、《中国种子植物属的分布区类型》和《世界种子植物科的分布区类型系统》。

【实验内容】

1　种子植物的野外调查

1.1　植物形态特征的观察

植物种类的识别和鉴定必须在严谨、细致的观察后进行。在对植物进行观察研究时，首先要观察清楚每一种植物的生长环境，然后再观察植物具体的形态结构特征。植物形态特征的观察应起始于根（或茎基部），结束于花、果实或种子。先用眼睛进行整体观察，细微且重要的部分须借助放大镜观察。特别是对花的观察要极为细致、全面：需从花柄开始，通过花萼、花冠、雄蕊，最后到雌蕊，必要时要对花进行解剖，分别进行横切观察和纵切观察，观察花各部分的排列情况、子房的位置、组成雌蕊的心皮数目、子房室数及胎座类型等。只有这样，才能全面、系统地掌握植物的详细特征，才能正确、快速地识别和鉴定植物。

1.2　植物种类的识别、鉴定和分类

在对植物观察清楚的基础上，识别、鉴定植物就会变得很容易。对特征明显、自己又很熟悉的植物，确认无疑后可直接写下名称；对于生疏植株可借助于植物检索表等工具书进行检索、识别。

在把区域内所有植物鉴定、统计后，按照植物界系统演化关系，写出植物名录并把植物归并到科一级。

2　植物区系分析

研究植物区系时，通常将一个地区的植物进行科、属、种的数量统计，然后再把所有植物按其分布区类型、种的发生地和迁移路线等分成若干群，通称为植物区系成分，以地理成分最常用。吴征镒将我国种子植物属（3116 属）归纳合并为 15 种类型即 15 种地理成分，其下再分为 31 个变型（表 2.1）。

表 2.1　中国种子植物属的分布区类型和变型（吴征镒，1991）

分布区类型及其变型	属数
一、1. 世界分布	104
二、泛热带分布及其变型	
2. 泛热带	316
2-1. 热带亚洲、大洋洲和南美洲（墨西哥）间断	17
2-2. 热带亚洲、非洲和南美洲间断	29
三、3. 热带亚洲和热带美洲间断分布	62
四、旧世界热带分布及其变型	
4. 旧世界热带	147
4-1. 热带亚洲、非洲和大洋洲间断	30
五、热带亚洲至热带大洋洲分布及其变型	
5. 热带亚洲至热带大洋洲	147
5-1. 中国（西南）亚热带和新西兰间断	1

续表

分布区类型及其变型	属数
六、热带亚洲至热带非洲分布及其变型	
6. 热带亚洲至热带非洲	149
6-1. 中国（华南、西南）到印度和热带非洲间断	6
6-2. 热带亚洲和东非间断	9
七、热带亚洲分布及其变型	
7. 热带亚洲（印度-马来西亚）	442
7-1. 爪哇、喜马拉雅和中国华南	30
7-2. 热带印度至中国华南	43
7-3. 缅甸、泰国至中国（华西南、西南）星散	29
7-4. 越南（或中南半岛）至中国华南	67
八、北温带分布及其变型	
8. 北温带	213
8-1. 环极	10
8-2. 北极-高山	14
8-3. 北极-阿尔泰和北美洲间断（或西南）	2
8-4. 北温带和南温带（全温带）间断	57
8-5. 欧亚和南美洲温带间断	5
8-6. 地中海区、东亚、新西兰和墨西哥到智利间断	1
九、东亚和北美洲间断分布及其变型	
9. 东亚和北美洲间断	123
9-1. 东亚和墨西哥间断	1
十、旧世界温带分布及其变型	
10. 旧世界温带	114
10-1. 地中海区、西亚和东亚间断	25
10-2. 地中海区和喜马拉雅间断	8
10-3. 欧亚和非洲南部（有时也在大洋洲）间断	17
十一、11. 温带亚洲分布	55
十二、地中海区、西亚至中亚分布及其变型	
12. 地中海区、西亚至中亚	152
12-1. 地中海区至中亚和非洲南部、大洋洲间断	4
12-2. 地中海区至中亚和墨西哥间断	2
12-3. 地中海区至温带、热带亚洲、大洋洲和南美洲间断	5

续表

分布区类型及其变型	属数
12-4. 地中海区至热带非洲和喜马拉雅间断	4
12-5. 地中海区-非洲北部、中亚、北美西南部、智利和大洋洲（泛地中海）间断分布	4
十三、中亚分布及其变型	
13. 中亚	69
13-1. 中亚东部（亚洲中部）	12
13-2. 中亚至喜马拉雅	26
13-3. 西亚至西喜马拉雅和中国西藏	4
13-4. 中亚至喜马拉雅-阿尔泰和太平洋北美洲间断	5
十四、东亚分布及其变型	
14. 东亚（东喜马拉雅-日本）	73
14-1. 中国-喜马拉雅（SH）	141
14-2. 中国-日本（SJ）	85
十五、中国特有分布	
15. 中国特有	257
合计	3116

科的分布区类型：按照吴征镒等（2003）世界种子植物科的分布区类型系统，对野外调查的植物科的区系特征进行统计分析。

属的分布区类型：根据吴征镒（1991）划分分布区类型系统进行分析。

3　地区间植物区系比较分析

各地区植物区系之间既有相互联系的一面，又有独立发展的一面，具体情况不仅可以反映地区间植物区系之间的联系，而且能够反映不同地区环境和自然演化史的共同性程度或者关系的密切程度，为此需要进行植物区系间的比较分析。

因为对种的概念理解不同，各家划分的种有大小、多少的差异，不便比较种的数目。而属是较为清楚和稳定的分类单位，一般用来进行区系类型统计，但通常将世界属排除不计。

3.1　属的相似性系数

运用不同地区间属的相似性系数来比较植物区系的相似程度。地区间植物区系的相似程度可使用简单的计算求出，设甲乙两地各分布有 A 属与 B 属植物，两地共有 C 属植物，按不同的计算方法，均可获得相似性系数。

$$K_{Jaccard} = \frac{C}{A+B-C} \tag{2.1}$$

$$K_{Sorensen} = \frac{2C}{A+B} \tag{2.2}$$

$$S_{SZ} = \frac{C}{\min(A,B)} \tag{2.3}$$

式中，$K_{Jaccard}$、$K_{Sorensen}$和S_{SZ}为相似性系数；A为甲地植物属数；B为乙地植物属数；C为两地共有属数。

上述指数数值有所不同，但是同样反映共有属数所占的比重，从而说明两地植物区系属的相似程度。两地的共有属数越多，相似性系数越大，其关系越亲近。

3.2　科的相似性系数

以科来对比不同地区植物区系的相似性程度。科的相似性系数常常用于更大范围植物区系分析。科相似性系数计算公式是

$$相似性系数 = \frac{某地与对比地区共有科数}{某地全部科数} \times 100 \tag{2.4}$$

在植物区系的比较分析中，不同区域区系组成的差异，如特有成分的构成等，也是非常重要的信息。如果某地拥有特有科属较多，并且与周围地区相似性很低，则可以推断该地与周围地区脱离地理（生态）联系和区系交流的时间较久。

【作业与思考题】

1. 编写银杏科、松科、杉科、柏科、木兰科、毛茛科、蔷薇科、豆科、菊科、禾本科、莎草科、百合科的定距检索表。

2. 列出所调查区域的种子植物名录（归属到科），并对科的植物区系特征和属的区系特征进行分析。

实验 9 种群空间分布格局和种间关联分析

种群空间分布格局一般简称为分布格局或内分布型，是指一个种群在一个地区的分布方式，即个体如何在空间配置的，或种群在一定空间中的个体扩散分布形式。分布格局有三种类型：随机型、集群（或聚集）型、均匀型。在自然界，集群型是最常见的分布格局类型之一，随机型较为少见，均匀型则多见于人工群落类型的分布格局，如果园、人工林等。分布格局的形成与物种的生物生态学特性和环境特征密切相关，包括如下因素：①生物繁殖特性。一般来说，种子比较大的物种由于种子散布范围较小，主要集中在母体周围，因此往往形成集群分布。如果种子较小，或具有比较特殊的形态，或具有动物比较喜欢食用的果实，那么借助自然的力量散布范围就可能远离母体，有助于扩大种群范围和随机分布的形成。一些依靠无性繁殖扩大种群分布范围、增加种群密度的物种，往往表现出集群分布。②生物发育阶段。对于同一物种而言，在不同发育阶段分布格局的表现形式可能也会不同。随着个体发育的进行，种内拥挤程度和种内竞争会逐渐加剧，必然导致自疏现象的发生，使分布格局可能从最初的集群分布逐渐向随机分布过渡。③植被演替阶段。对森林群落而言，在演替初期许多物种往往是集群分布，但接近或处于顶极群落阶段，建群种往往表现为随机分布。④环境特征。对于一个物种而言，如果所处的地形比较开阔平坦，而且种子较轻且有特殊形态，那么随风等自然因素将会传播得很远，其幼苗有可能形成随机分布；如果处于沟谷等特殊地貌和地形，那么往往容易形成集群分布。⑤研究尺度。在小尺度的情形下，自然界的物种可能表现为随机分布、集群分布或均匀分布；但是在大尺度情形下，种群往往表现出集群分布。

种间关联是指不同种类在空间分布上的相互关联性。一个群落内的诸个种群，它们的空间格局并非完全独立无关。例如，两个共同出现的种受相同环境因子的影响，那么，它们的格局将不是独立的，这两个种会有正的或负的相关。通过对种间关系的研究，能够客观地反映不同物种在空间和时间上的相互关系，反映不同物种与环境的相互作用方式，对于掌握群落中种群结构和动态的内在联系，全面了解群落种类组成间相互依存和相互制约的复杂关系，揭示群落结构、群落特性和群落演替本质具有重要意义。

【实验目的】

（1）通过本实验，使学生认识并理解不同种群在空间分布上表现的不同类型，掌握空间分布格局的野外调查方法和空间分布格局的基本分析方法。

(2) 通过对群落种间关联分析，认识种间相关的意义，掌握相关分析的方法，了解样方间隔与样方大小对种间关联研究结论的影响。

【材料与器材】

皮尺、钢卷尺、记录表格、计算机、SPSS 11.0 for Windows 统计软件。

【实验内容】

1 野外调查

为了避免样方间隔和样方大小对于结论的影响，通常采用系列样方（图2.1）来研究种间分布格局和种间关联分析。

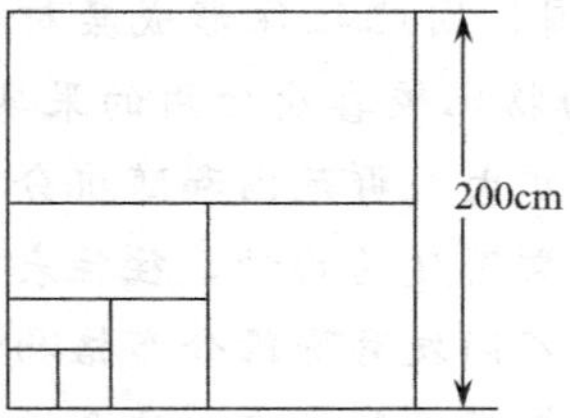

图 2.1 系列样方

将学生每 3～5 人分为一组，在一个草本群落上设置序列样方，登记每一级样方内的植物种类，重复30 次。

2 种群分布格局分析

2.1 数量统计

对目标植物种群进行计数，将调查数据整理后填入表格（表 2.2）中。

表 2.2 种群分布格局调查数据整理

样方号	多度						
	25cm×25cm	25cm×50cm	50cm×50cm	50cm×100cm	100cm×100cm	100cm×200cm	200cm×200cm
1							
2							
3							
⋮							
30							

2.2 分布格局类型的测定

种群分布格局的判断一般可通过下列 3 种途径来进行：①通过样地取样获取一定数量的样本资料后，利用空间结构的频次分布概率公式，求出该分布的理论数，再进行 χ^2 适合性检验，判断实际频次与理论频次差异是否显著；②通过扩散与聚集指数判断分布型；③无样地取样的最近邻体法。下面介绍几种测定种群分布格局的方法。

1）方差/平均数比率法

$$\bar{x} = \frac{\sum fx}{\sum f} \tag{2.5}$$

$$S^2 = \frac{\sum fx^2 - \frac{(\sum fx)^2}{\sum f}}{\sum f - 1} \tag{2.6}$$

用 t 检验，检验 $S^2/\bar{x}$ 对 1 的偏离显著性程度，从而判断种群属于何种分布格局。

$$t = \frac{S^2/x - 1}{\sqrt{\frac{2}{\sum f - 1}}} \tag{2.7}$$

若 $|t| > t_{\sum f-1, 0.05}$，则可以认为 $S^2/\bar{x}$ 对 1 的偏离具有显著性。

若 $S^2/\bar{x} \approx 1$，表示种群为随机分布；

若 $S^2/\bar{x} > 1$，表示种群为集群分布；

若 $S^2/\bar{x} < 1$，表示种群为均匀分布。

2）指数方法

在分布格局研究中，往往假定物种服从随机分布，对应的概率分布为 Poisson 分布，其方差等于均值，即 $\sigma^2 = \mu$，对于任一种群而言，如果 $\sigma^2/\mu = 1$，认为其服从随机分布；$\sigma^2/\mu > 1$，认为其服从集群分布；$\sigma^2/\mu < 1$，认为其服从均匀分布。基于上述假设，有以下 6 种指数方法可判定种群分布格局类型：

（1）扩散系数

$$DI = \frac{S^2}{\bar{x}} \tag{2.8}$$

式中，S^2 为方差；$\bar{x}$ 为均值；依据 DI 值对种群分布格局作出初步判断，若 $DI = 0$，种群属于均匀分布；$DI = 1$，种群属于随机分布；$DI > 1$，种群属于集群分布。为了检验种群分布格局偏离为 Poisson 分布的显著性，可进行 t 检验。

$$t = (DI - 1)/\sqrt{\frac{2}{N-1}} \tag{2.9}$$

式中，N 为样方总数；$t < t_{0.05/2} = 1.990$，种群服从随机分布；$t > t_{0.05/2} = 1.990$，则不服从随机分布。

（2）聚集指数

$$CI = \frac{S^2}{\bar{x}} - 1 \tag{2.10}$$

由于 $CI=DI-1$，可以推断，若 $CI=0$，则种群服从随机分布；若 $CI>0$，则种群服从集群分布；若 $CI<0$，则种群服从均匀分布。

（3）平均拥挤度

$$m^* = \bar{x} + \left(\frac{S^2}{\bar{x}} - 1\right) \tag{2.11}$$

由于 $m^*=CI+\bar{x}$，可以推断，若种群服从随机分布，则 $m^*=\bar{x}$；若种群服从集群分布，则 $m^*>\bar{x}$；若种群服从均匀分布，则 $m^*<\bar{x}$。

（4）聚块性指数

$$PAI = m^* / \bar{x} \tag{2.12}$$

（5）Green 指数

$$GI = \frac{(S^2/\bar{x}) - 1}{n - 1} \tag{2.13}$$

（6）聚集强度

$$PI = k \tag{2.14}$$

$$k = \frac{\bar{x}^2}{S^2 - \bar{x}} \tag{2.15}$$

式中，k 为负二项分布参数，在种群总体数量因随机死亡而减少时，k 保持不变。当 $k\to 8$ 时，负二项分布→Poisson 分布，此时 $1/k\to 0$。一般认为当 k 充分大时（$k>8$，$1/k<0.125$），种群便服从随机分布；当种群集群程度增加，k 值则减少，一般 k 值小于 3 为集群分布。

通过计算上述指数，推断目标种群的分布格局。

3）分布模型

用拟合优度检验——χ^2 检验对种群分布概率模型进行显著性检验。

随机分布服从 Poisson 分布，其方差等于均值。Poisson 分布密度函数为

$$f(x) = \frac{e^{-\mu}(\mu)^x}{x!}, \quad x = 0,1,2,\cdots \tag{2.16}$$

集群分布服从负二项分布，其对应的密度函数为

$$f(x) = \frac{(k+x-1)!}{x!(k-1)!}\left[\frac{\mu}{\mu+k}\right]^x\left[1+\frac{\mu}{k}\right]^{-k}, \quad x = 0,1,2,\cdots \tag{2.17}$$

式（2.16）和式（2.17）中，μ 是总体平均数，可以用样本平均数 $\bar{x}$ 来估计。k 为负二项分布参数。

均匀分布服从二项分布

$$f(x) = C_x^n p^x q^{n-x} \tag{2.18}$$

式中，p 为个体出现的概率；q 为个体不出现的概率（$q=1-p$）。

3　种间关联分析

种间关联的测定，通常是先把成对物种的存在与不存在数据，排成 2×2 列联表进行χ^2检验判断独立性。

物种 A

物种 B	+	−	
+	a	b	$a+b$
−	c	d	$c+d$
	$a+c$	$b+d$	

其中，a 是两个种都有的样方数；b 是只含有 B 种的样方数；c 是只含有 A 种的样方数；d 是两个种都没有的样方数，n 是样方总数，$n=a+b+c+d$。

统计系列样方的野外调查数据，分别整理出每两两种对间在不同样方级别上的 2×2 列联表。根据下列各式判别种间关联。

1）χ^2值

如果不考虑χ^2检验是否偏大的情况，那么其计算公式如下：

$$\chi^2 = \frac{n(ad-bc)^2}{(a+b)(c+d)(a+c)(b+d)} \tag{2.19}$$

但是按照χ^2检验的要求，当 df=1，a、b、c 和 d 所对应的每一个理论值小于 5 时，按照式（2.19）计算出来的χ^2偏大，最终可能导致曲解种间关联的程度。因此，当 df=1，χ^2用 Yates 的连续校正公式计算：

$$\chi^2 = \frac{n(|ad-bc|-0.5n)^2}{(a+b)(c+d)(a+c)(b+d)} \tag{2.20}$$

式中，n 为取样总数。$\chi^2 > \chi^2_{0.05}$，如果 $ad>bc$，种间存在着正联结；如果 $ad<bc$，种间存在着负联结；$\chi^2 < \chi^2_{0.05}$时，则表明种间联结较弱，基本独立分布。

2）联结系数

联结系数（association coefficient，AC）用来表明种间联结的程度。测定联结系数是测定种间联结最简便有效的方法，其计算公式如下：

$$\mathrm{AC} = \frac{ad-bc}{(a+b)(b+d)},\quad ad \geqslant bc \tag{2.21}$$

$$\mathrm{AC} = \frac{ad-bc}{(a+b)(a+c)},\quad ad < bc \text{ 且 } d \geqslant a \tag{2.22}$$

$$\mathrm{AC} = \frac{ad - bc}{(b + d)(d + c)}, \quad ad < bc \text{ 且 } d < a \tag{2.23}$$

联结系数的变化幅度在物种共同出现最大可能情况下是+1，最小可能情况下是−1。此系数值为0，则表示在实测的各处种出现频度基础上，它们共同出现的频度正是概率的期望值。联结系数的正确计算取决于联列表内数值的相关性。

3）Jaccard 指数

Jaccard 指数（简称 JI）也称共同出现百分率或物种群落系数，是用来测度物种间正联结程度的，其计算公式如下：

$$\mathrm{JI} = \frac{a}{a + b + c} \tag{2.24}$$

JI 指数值域为［0，1］，其值越趋近1，则表示该种对的正联结越紧密。

4）点相关系数

点相关系数（point correlation coefficient）用于说明种间联结的程度，为［−1，1］值域的有中心指数，其计算公式如下：

$$v = \frac{ad - bc}{\sqrt{(a + b)(a + c)(c + d)(b + d)}} \tag{2.25}$$

式中，v 为点关联系数，v 的变化范围为−1～1，然后按照χ^2检验法测定关联系数的显著性。$v=1$，完全正联结；$v=-1$，完全负联结；$v=0$，个体间彼此单独分布。

根据上述公式计算种间关联系数，说明样方大小对关联结论的影响。

应用 SPSS 可以分析种间关联，具体步骤为：

打开 SPSS→在第一列输入第一种的二元数据得到“var00001”，在第二列输入第二种的二元数据得到“var00002”，…，以此类推，将所有种的二元数据全部输入→打开“Save”，将原始数据保存→打开“Analyze”→“Descriptive statistics”→“Crosstabs”，将“var00001”送入“Rows”，将“var00002、var00003、…、var0000n”全部送入“Colum(s)”→打开“Statistics”按钮，选中“Chi-square”，然后选择“Continue”→打开“Cells”按钮，选中“Counts”下的“Observed”和“Expected”，然后选择“Continue”→“OK”，即可得到任意两个种间 2×2 列联表中 a、b、c 和 d 所对应的每个理论值。当 a、b、c 和 d 所对应的每个理论值小于5时，SPSS 就会给出 Fisher 精确检验的结果（概率值）。

【作业与思考题】

1. 分析目标种群空间分布格局类型的特点以及成因。
2. 研究种群的分布格局和种间关联有何意义？
3. 样方大小对种群分布格局和种间关联的结论有何影响？

实验 10　植物群落数量特征的调查及分析

群落调查可达到下列目的：①不同群落的相互比较，进行分类，以达到认识群落的目的。②将群落的分布或变异加以比较，阐明群落与环境的联系。③对同一群落类型进行分析，阐明它的内部结构与均匀程度。④将同一群落在不同时期加以比较，说明它的动态规律。不管达到哪个目的，都要对群落进行调查。群落的数量特征是群落调查的主要内容。在野外进行群落数量特征的研究，涉及的对象是庞大的或无法确知的整体，由于人力、空间和时间的限制，不可能将全部对象进行研究，只能从中选取一小部分作为样本，从样本分析得到总体的推断。对样本的要求应该是既能代表总体，又要使抽样的数目尽可能的少。怎样较好地满足这两个要求，是取样要解决的问题。这就涉及取样方法和取样技术问题。有若干技术可用于群落数量特征的研究，其中应用最广泛的技术是样方抽样技术与无样地抽样技术。

物种多样性具有两种含义：一是指一个群落或生境中物种数目的多寡（数目或丰富度）；二是指一个群落或生境中全部物种个体数目的分配状况（均匀度）。多样性依赖于物种丰富度（物种数）和均匀度或物种多度的均匀性。两个具有相同物种的群落，可能由于相对多度的分布不同而在结构和多样性上有很大的差异。物种多样性有以下几个方面的生态学意义：①是刻画群落结构特征的一个指标；②用来比较两个群落的复杂性，作为环境质量评价和比较资源丰富程度的指标；③从演替阶段的多样性比较，可以作为演替方向、速度及稳定程度的指标。在不同空间尺度范围内，植物多样性的测度指标是不同的，通常可以分为 α-多样性、β-多样性和 γ-多样性三个范畴。其中，α-多样性是指在栖息地或群落中的物种多样性。

生活型是植物对于综合生境长期适应而形成的植物类型。生活型主要指植物的外貌特征，如大小、形状、分枝、生命周期的长短等。无论植物在分类系统上的地位如何，只要它们的适应方式和途径相同，都属同一生活型。

植物种群的年龄结构是指种群内不同年龄的个体的分布或组配情况，它可反映种群的动态及发展趋势，并在一定程度上反映种群和环境之间的相互关系，以及它们在群落中的作用和地位。

植物群落与环境是不可分的。任何一个植物群落在形成的过程中，植物不仅对环境具有适应能力，而且对环境也有巨大的改造作用。随着植物群落发育到成熟阶段，群落的内部环境也发育成熟。植物群落内的环境因子如温度、湿度、光照强度等都不同于群落外部。植物群落内的各生物物种在其创造的环境中，井然有序地生活着。不同的植物群落，其群落环境因子存在明显的差异。因此，在调查群落特征的同时，需要进行生态因子的测定。

【实验目的】

通过几个紧密联系的项目，使学生掌握生态学野外调查技术，并对实验数据进行整理，达到识别群落的目的；使学生掌握几种常见生态测定仪器的工作原理及其使用方法，并通过对实验结果的分析，认识生物与环境的相互关系；通过对不同野外调查技术所得的数据、群落中物种多样性的测定，认识多样性指数的生态学意义及掌握测定物种多样性的方法；掌握划分植物生活型的方法，认识划分植物生活型的生态学意义；了解并掌握调查、分析种群年龄结构的方法。

【材料与器材】

海拔仪、罗盘、便携式光照度计、大气温度计、地表温度计、土壤温度计、空气湿度测定仪、土壤湿度计、风速测定仪、GPS、测高仪、铝盒、土钻、皮尺、量衣尺、钢卷尺、记录表格、计算机（或计算器）、打印机、白瓷板（多孔穴）等。

【实验内容】

1 取样技术

在研究植物群落时，不可能对整个群落进行全面的测度和分析。因此，有必要从所要研究的群落中选取一定范围进行研究，这样既能以尽可能低的代价，又能从选取的代表群落地段中获得较高的信息量来对整个植物群落的种类组成和结构进行分析。取样技术就是代表地段的选取或确定，包括设置的方法、范围大小等，它们常依具体的群落类型、群落分析的目的等的不同而不同。目前植物群落常用的取样技术，包括样地取样法和无样地取样法。

1.1 样地的选择

样地是指能够反映植物群落基本特征的一定地段。样地的选择标准是：种类成分的分布均匀一致；群落结构完整，层次分明；生境条件一致（尤其是地形和土壤），能反映该群落生境特点的地段；样地要设在群落中心的典型部分，避免选在两个类型的过渡地带；样地要用显著的实物标记，以便明确观察范围。

1.2 样地环境因子的测定

在选择好样地以后，要记录样地的环境特征，包括地理位置、海拔、地貌、坡向、坡度、光照强度、温度、空气湿度以及人为干扰情况等，将这些数据记录到表 2.3 中，并采集土样带回实验室分析。

表 2.3　群落样地调查表

样方号________________样地面积________________海拔高度________________

群落类型__________________________群落名称__________________________

地理位置_____省_____市_____县_____镇（村）；经度：_____纬度：_______

地形：____________________坡向________________坡度______________

母岩与地质____

枯枝落叶层的性质及其覆盖百分率__________________________________

土壤：土壤名称____

土壤一般特点（基岩、土层厚度、质地、A 层厚度、颜色、pH 反应）________________
____

群落特点（外貌、动态、结构等）___________________________________
____

周围环境及群落小环境状况______________________________________
____

人类及动物活动情况____

其他____

调查人______________

____年____月____日

（1）地形因子的测定。运用 GPS 测定每个样方的经度与纬度。GPS 给出的海拔高度误差较大，所以再用海拔表校正海拔高度。用罗盘测出样地山体的坡度，并测出坡向。

（2）土壤因子的测定。判断土壤的类型、土层厚度、质地、土壤酸碱度等。

（3）群落内光照条件的测定。从林缘向林地中心均匀选取 5 个测定点，用照度计测定每一点的光照强度，并记录每次测定的数值；选择一空旷无林地（最好地面无植被覆盖）作为对照，随机测定 5 个点，用照度计测定裸地的光照强度，并记录每次测定的数值。

（4）大气温度和湿度的测定。从林缘向林地中心，在 1.5m 高处均匀选取 5 个点，测定每一点的温度和湿度，并记录每次测定的数值；同时在空旷无林地的 1.5m 高处，随机选取 5 个点，测定空气温度和湿度，并记录每次测定的数值。

（5）地表温湿度的测定。从林缘向林地中心均匀选取 5 个测定点，用地表温度计与湿度计分别测定每一点的地表温湿度，并记录每次测定的数值；同时在空旷无林地随机选取 5 个点，同样测定地表温度与湿度。

（6）群落内土壤不同深度温湿度的测定。在群落中，随机确定 2 个测定点，用土壤温度计与土壤湿度计分别测定距地表 5cm、10cm、15cm、20cm、25cm、

30cm 和 35cm 深处的土壤温度与湿度，并记录每次测定的数值；在空旷无林地同样随机选取 2 个点，同样测定距地表 5cm、10cm、15cm、20cm、25cm、30cm 和 35cm 深处的土壤温度与湿度。

(7) 风速的测定。在上述同样的针叶林与阔叶林群落中，从林缘向林地中心，在 1.5m 的高处均匀选取 5 个点，用风速测定仪分别测定每点的风速；同时在空旷无林地，随机选取 5 个点，测定每个点的风速。

注意：植物群落内和对照地的生态因子（如光照强度、空气温度和湿度、地表温度和湿度、土壤温度和湿度）测定，一定要在相同的时间进行，这样获得的数据才具有可比性。

1.3 样方法

样方法是群落数量研究中最普遍的取样技术。样方调查界限清楚，数量明确，但要花费不少时间来确定边界，而且在山地陡坡采用样方法困难更大。样方抽样的细则，包括样地大小、形状、数目和排列等，必须取决于要抽样群落的特定类型并以所预期的数据种类为基础。样方的形状大多采用方形（或长方形），故称为样方，也有使用圆形的，称为样圆。长方形样地的长轴一般应该平行于等高线，否则高差过大，样地内可能出现生境的变化，不好观察群落特征。

样方大小的确定要根据群落的性质来决定。样方面积一般应不小于群落的最小面积。最小面积是对一个特定的群落类型能提供足够的环境空间（环境或生境的特性），或者能够保证展现出该群落类型的种类组成和结构真实特征的一定面积。最小面积通常是根据种-面积曲线来确定的。在拟研究群落中选择植物生长比较均匀的地方，用绳子圈定一块小的面积。对于草本群落，最初的面积为 10cm×10cm；对于森林群落则至少为 5m×5m，登记这一面积中所有植物的种类。然后，按照一定顺序成倍扩大（图 2.2a），逐次登记新增加的植物种类。开

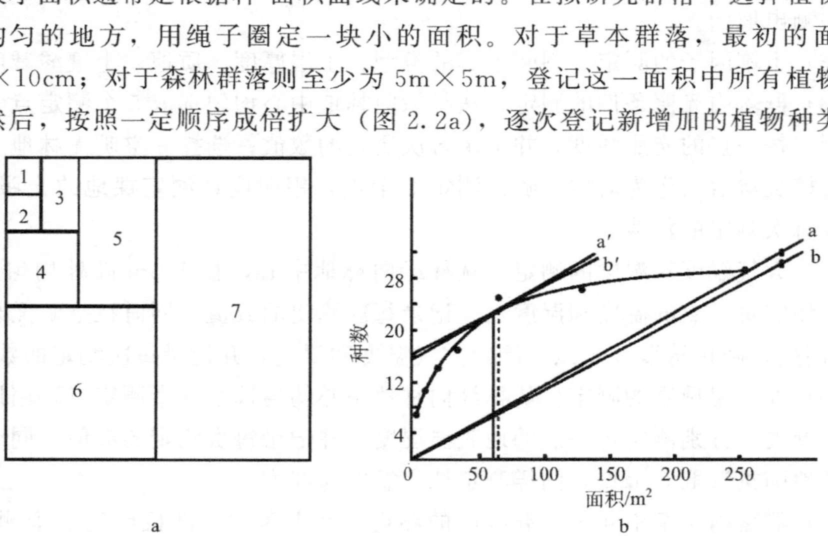

图 2.2　确定最小面积的程序（宋永昌，2001）

始植物种类数随着面积扩大而迅速增加，随后，随着面积增加种数增加的速度降低，最后面积再扩大植物种类也很少增加或不再增加。以样方面积为横坐标，物种累积数为纵坐标，获得种-面积曲线，此曲线开始陡峭上升，后平缓而伸直，曲线开始平伸的一点所指示的面积就是最小面积（图 2.2b）。不同群落类型的最小面积不同，我国各类植被的最小面积常用标准见表 2.4。

表 2.4　中国各类植被研究时的最小面积常用标准（宋永昌，2001）

植被类型	最小面积/m^2	植被类型	最小面积/m^2	植被类型	最小面积/m^2
热带雨林	2500～4000	针阔混交林	200～400	中草群落	25～400
南亚热带森林	900～1200	东北针叶林	200～400	低草群落	1～2
常绿阔叶林	400～800	灌丛幼年林	100～200		
温带落叶阔叶林	200～400	高草群落	25～100		

按样地的选择标准选择样地，选择一个群落，按照最小面积确定样方的面积，如常绿阔叶林的样方面积为 400～800m^2，再将样方划分为 5m×5m 的小样方，测定乔木和灌木，再在每个 5m×5m 的小样方内设置 1 个 1m×1m 的小样方，测定草本植物。

（1）乔木层数据的调查：采用每木调查法。在每个 5m×5m 的小样方内，记录树高 $h \geqslant 3$m，胸径 dbh≥2.5cm 的乔木树种的植物名称、胸径（胸围）、高度、冠幅以及目测每个树种的郁闭度等，并将数据记录到乔木层样方调查表（表 2.5）内。

表 2.5　乔木层样方记录表

调查者：__________ 调查日期：__________ 样方号：__________ 样地面积：__________

郁闭度：__________________ 群落名称：________________________

小样方号	植物名称	高度/m	胸围/cm	冠幅/m	枝下高/m	生活型	物候期

（2）灌木层数据的调查：在每个 5m×5m 的小样方内识别灌木层中的植物名称、数目，目测每个灌木种类的盖度、平均高度以及多度，并将数据记录到灌木层样方调查表（表 2.6）内。

表 2.6　灌木层样方记录表

调查者：________ 调查日期：________ 样方号：________ 样地面积：________
郁闭度：________ 群落名称：________

小样方号	植物名称	层次	株数	盖度	高度/cm	生活型	物候期

(3) 草本层数据的调查：在 1m×1m 的草本植物样方进行草本层每个植物物种的盖度、平均高度以及多度的调查，并将数据记录到草本层样方调查表（表 2.7）内。

表 2.7　草本层样方记录表

调查者：________ 调查日期：________ 样方号：________ 样地面积：________
郁闭度：________ 群落名称：________

小样方号	植物名称	层次	高度/cm		盖度	株(丛)数	生活型	物候期
			生殖苗高	叶层高				

层间植物数据记载在层间植物调查表(表 2.8) 中。

表 2.8　层间植物调查表

调查者：________ 调查日期：________ 样方号：________ 样地面积：________
郁闭度：________ 群落名称：________

植物名称	类型			数量	物候期	直径/cm	被附着植物		分布情况	位置	方向
	藤本	附生	寄生				名称	生活型			

一般来讲，估算的准确度依赖于样地的数目和质量。取样数目的多少取决于群落结构的复杂程度，如果群落内生物分布和结构都较均匀，少数样地就能很好地表现出群落特征。当群落的结构复杂并且变化较大，生物分布不规则时，必须增大样地数目才能提高调查资料的可靠性。取样数目越多，代表性越大，但是取样的目的是减少所花费的劳动和时间。最小样方数目的确定可以通过平均值或方差对取样数目的相关曲线来完成（图 2.3）。曲线波动趋于平缓的一点所对应的样方数即为最小样方数。

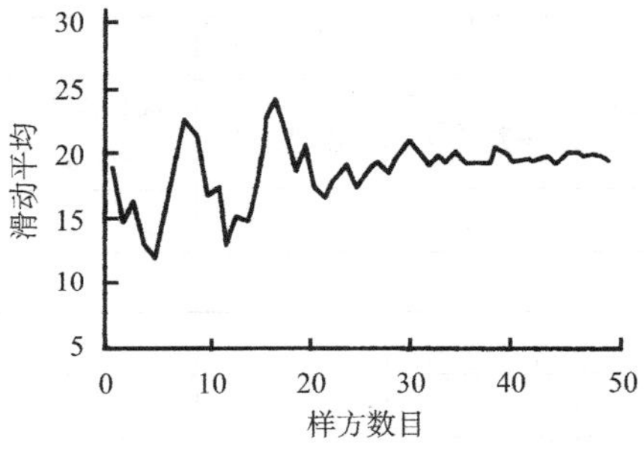

图 2.3　滑动平均与样方数的关系（董鸣，1996）

此外，在正式调查前可开展一些初步调查，估算群落总体方差，进而决定所需要样方数目，在总体很大且呈正态分布的情况下，理论取样数目（n）与总体方差（S^2）之间存在着如下关系：

$$n=\frac{t^2S^2}{L^2} \tag{2.26}$$

式中，t 为显著性水平值；L 为样本平均数的允许误差。

野外实验可让学生分组平行进行，一般每类群落以 3～5 个样方为宜，以便于统计比较。

为了对抽样数据进行正确的统计分析，样地地点必须随机选出。

1.4　无样地取样法

无样地取样法是不设样方，而是建立中心轴线，标定距离，进行定点随机抽样的方法。这种方法的优点是随机采样避免主观，设备简单，调查时间节省而迅速，特别是山地陡坡，不易拉样方地段，就更为有效准确。该方法在森林和灌丛调查中应用广泛。目前无样地抽样法有四种：最近个体法、近邻法、随机成对法和中心点四分法，其中以中心点四分法应用最为广泛。本实验采用中心点四分法。

在选定的样地内，先用罗盘定好一条定向测线 $x—x'$，p 为 $x—x'$ 限定距（Curtis 规定为 30m）的测点。在 p 点上设与 x 轴垂直的 $y—y'$，以 p 为中心，划出四个象限，分别测定各象限内距 p 最近的一株胸径大于 11.5cm 的大树，记名，量胸围，测树木与 p 的距离。用同样的方法再测胸径为 2.5～11.5cm 的幼树，并记录在中心点四分法记录表（表 2.9）中。点到植物的距离应测到植冠或根基的中心，不要测至植冠的边缘，有时不测幼树。

表 2.9　中心点四分法记录表

样点	象限号	dbh＞11.5cm			2.5cm≤dbh＜11.5cm		
		离样点距离/m	植物名称	胸围/cm	离样点距离/m	植物名称	胸围/cm
1	1						
	2						
	3						
	4						
2	1						
	2						
	3						
	4						

在每一个测点的固定象限内设置一个 2m×2m 的样方，登记草本、灌木、乔木幼苗胸径（dbh＜2.5cm）的种名、株数（丛数）、高度。

每块样地测 20 个点，取得 80 株大树、80 株幼树、20 个小样方的基本数据。在常绿阔叶林及其次生林中，20 个样点取得的数据与 2 个 $500m^2$ 的样方的精确度相当。

2　植物群落组分重要性和优势度分析

重要值是评价某一植物在群落中作用和地位的综合数量指标，是指物种相对密度、相对显著度（或相对盖度、相对高度）、相对频度的总和，其计算公式为

$$\text{重要值（IV）}=\text{相对多度（或相对密度）}+\text{相对频度}+\text{相对显著度（或相对盖度）} \tag{2.27}$$

相对密度（相对频度、相对显著度、相对盖度、相对高度、相对多度）就是一个种的密度（频度、显著度、盖度、高度、多度）与群落内所有种的密度和（频度和、显著度和、盖度和、高度和、多度和）的百分比。这些指标的计算公式如下：

（1）相对密度的计算

$$\text{密度} = \frac{\text{个体数目}}{\text{样地面积}} \tag{2.28}$$

$$\text{相对密度} = \frac{\text{一个种的密度}}{\text{所有种的总密度}} \times 100 \tag{2.29}$$

（2）相对多度的计算

$$\text{相对多度} = \frac{\text{样方内某个种的株数}}{\text{样方内各种植物的总株数}} \times 100 \tag{2.30}$$

（3）相对显著度的计算

$$\text{显著度} = \frac{\text{胸高断面积总值}}{\text{样地面积}} \tag{2.31}$$

$$\text{相对显著度} = \frac{\text{一个种的显著度}}{\text{所有种的总显著度}} \times 100 \tag{2.32}$$

无样地取样中，显著度的计算较为繁琐。首先，把所有样点上的距离数据总计起来（$\sum d$），除以样点数的 4 倍，即得到点到植物距离的平均值（$\bar{d}$）；其次，求出单位面积内的树木数，即所有种的总密度

$$\text{所有种的总密度} = \frac{\text{单位面积}}{\bar{d}^2} \tag{2.33}$$

单位面积可以取 100m^2、$10\ 000\text{m}^2$ 等。

再求出各个树种在单位面积内的株数：

$$\text{该种植物在单位面积内的株数} = \frac{\text{该种出现的株数}}{\text{样点数的 4 倍}} \times \text{所有种的总密度} \tag{2.34}$$

再求出每种的显著度

$$\text{显著度} = \text{该种胸高断面积平均值} \times \text{该种在单位面积内的株数} \tag{2.35}$$

（4）相对盖度的计算

$$\text{相对盖度} = \frac{\text{样方内某个种的盖度}}{\text{样方内各种植物的总盖度}} \times 100 \tag{2.36}$$

（5）相对频度的计算

$$\text{频度} = \frac{\text{有该种的样地数（样点数）}}{\text{样地总数（样点总数）}} \tag{2.37}$$

$$\text{相对频度} = \frac{\text{一个种的频度}}{\text{所有种的总频度}} \times 100 \tag{2.38}$$

将样方法和中心点四分法取得的数据进行整理（表 2.10、表 2.11），求算出重要值，然后进行排序，确定植物种在群落中的重要性和优势度。

表 2.10　乔木层样方调查结果整理

植物名称	出现样方数	株 数	胸高断面积/cm^2	相对频度/%	相对密度/%	相对优势度/%	重要值
合计							

表 2.11　乔木层中心点四分法数据整理

植物名称	该种出现的个体数	有该种的样点数	底面积或胸面积总和/cm^2	平均底面积或胸面积/cm^2	显著度	相对多度/%	相对频度/%	相对显著度/%	重要值
合计									

3　物种多样性的测定

多样性指数是以数学公式描述群落结构特征的一种方法，在调查群落种类及数量后，选定多样性公式，就可以计算出反映该群落结构特征的多样性指数。由于不同学者的研究目的和对象不同，提出的物种多样性的定义和指标也不同，目前，研究物种多样性的指数就有十多种，按其性质大致分为四类：①丰富度指数。用以度量样地内物种的数量特征。②均匀度指数。用以度量物种的个体数量分布是否均匀。③变化度指数。由前两类联合而成。④优势度指数。大部分多样性指数中，组成群落的生物种类越多，其多样性数值就越大。

分别以样方法和无样地取样法获得的数据为资料，采用 Simpson 指数、

Shannon-wiener 指数、Pielou 指数练习物种多样性的测定方法。

（1）Simpson 指数

$$D = 1 - \sum_{i=1}^{s} \frac{N_i(N_i - 1)}{N(N-1)} \tag{2.39}$$

（2）Shannon-wiener 指数

$$H = -\sum_{i=1}^{s} P_i \ln P_i \tag{2.40}$$

（3）Pielou 均匀度指数

$$J_{ws} = \frac{-\sum P_i \ln P_i}{\ln S} \tag{2.41}$$

上述各式中，D 为 Simpson 指数；H 为 Shannon-wiener 指数；J_{ws} 为 Pielou 指数；S 为样地中物种的总数；N_i 为种 i 的重要值；N 为样地中所有物种的重要值之和；P_i 为种 i 的相对重要值，$P_i = N_i/N$ 。

（4）物种丰富度：物种丰富度（S）是一个群落中的物种数目，它是基于物种的存在与否，而不是物种的相对多度的一个多样性测度。物种丰富度是最简单、最古老的物种多样性测度方法，直到目前，仍有许多学者使用。本实验以样地中物种的数目表示物种丰富度。

4 群落生活型组成的分析

生活型的划分有不同的方法。例如，将植物分为乔木、灌木、半灌木、木质藤本、多年生草本、一年生草本等。生活型分类系统很多，应用最广泛的是丹麦植物学家 C. Raunkiaer 的生活型分类系统。该系统以温度、湿度、水分（以雨量来表示）作为揭示生活型的基本因素，以植物度过不良环境（冬季寒冷、夏季干旱）时对恶劣环境的适应方式作为分类基础。具体是按休眠芽或复苏芽所处的位置高低和保护方式，把高等植物划分为 5 个生活型，在各类群之下，根据植物体的高度、芽有无芽鳞保护、落叶或常绿、茎的特点等特征，再细分为 30 个较小的类型。

高位芽植物（Phanerophytes，Ph.） 这类植物休眠芽或顶端嫩枝位于距地面 25cm 以上，如乔木、灌木和一些生长在热带潮湿气候条件下的草本等。可根据高度分为 4 个亚类，即大高位芽植物（高度＞30m）、中高位芽植物（8～30m）、小高位芽植物（2～8m）与矮高位芽植物（25cm～2m）。然后又根据常绿还是落叶、芽有无鳞片保护分为 15 个亚类。

地上芽植物（chamaephytes，Ch.） 更新芽或顶端嫩枝位于土壤表面或很接近地表处，一般不高出地表 20～30cm，因为它们受地表残落物所保护，在冬季地表积雪地区也受积雪的保护。多为半灌木或草本植物。其下分为 4 个亚类：矮小半灌木地上芽植物、被动地上芽植物、主动地上芽植物和垫状植物。

地面芽植物（Hemicryptophytes，H.） 这类植物更新芽位于近地面土层内，冬季地上部分全部枯死。这类植物在不利季节，植物体地上部分死亡，只有被土壤和残落物保护的地下部分仍然活着，并且在地面处有芽，多为多年生草本植物。分为原地面芽植物、半莲座状地面芽植物和莲座状地面芽植物三类。

隐芽植物（Cryptophytes，Cr.） 又称为地下芽植物。这类植物更新芽位于较深土层中或水中，多为鳞茎类、块茎类和根茎类多年生草本植物或水生植物。分为 7 个亚类：根茎地下芽植物，块茎地下芽植物，块根地下芽植物，鳞茎地下芽植物，没有发达的根茎、块茎、鳞茎地下芽植物，沼泽植物和水生植物。

一年生植物（Therophytes，T.） 这类植物只能在良好季节中生长，它们以种子的形式度过不良季节。

Raunkiaer 生活型被认为是进化过程中对气候条件适应的结果，因此它们的组成可反映某地区的生物气候和环境的状况。

根据 Raunkiaer 的生活型分类系统，对被调查群落的生活型组成进行分析，制定群落的生活型谱，进而分析群落的外貌特征和群落所在地的环境特点。

制定生活型谱过程分为三步：弄清整个地区（或群落）的全部植物种类，列出植物名录；确定每种植物的生活型；然后把同一生活型的种类归到一起，按下列公式求算：

$$\text{某一生活型的百分率} = \frac{\text{该群落生活型的植物种数}}{\text{该群落全部植物种数}} \times 100 \tag{2.42}$$

5 植物种群的年龄结构分析

植物种群的年龄结构分析，首先根据取样数据把同一种群分为不同的龄级，再根据不同龄级内的个体数与种群总个体数目相比而构成龄级比率，进而按龄级比率构成年龄金字塔。根据年龄金字塔结构，可以判别某一种群是增长种群还是稳定种群或衰退种群。

种群的龄级划分，在森林群落中通常是以树木的立木级来表示的，即：Ⅰ级，高度在 33cm 以下者；Ⅱ级，高度在 33cm 以上，胸径不足 2.5cm 者；Ⅲ级，胸径为 2.5～7.5cm 者；Ⅳ级，胸径为 7.5～22.5cm 者；Ⅴ级，胸径在 22.5cm 以上者。

【实验报告】

（1）撰写综合性实验报告。实验报告的内容主要包括：被调查群落所在地的利用状况、生境状况和利用状况；植物群落的种类组成，通过重要值分析排序，列出建群种和优势种；群落的生活型组成、垂直结构和时间结构（建群种、优势种的物候期和群落季相）；群落的物种多样性特征；群落建群种的年龄结构特征；并对结果进行分析讨论，对群落做出合理的评价，并提出建议。

（2）合并三个相对值为一个重要值的理由是什么？重要值变动范围有什么限度？

（3）样方法与无样地取样法各有何优缺点？两种方法所得到的结果有无区别？

（4）物种多样性在植物群落中有哪些功能和作用？哪些因素影响群落的物种多样性？

第三部分 设计性实验

实验11 植物地理学设计性实验的选题、设计与实施

设计性实验是在基础性实验和综合性实验的基础上，结合植物地理学基础知识和技术，在教师指导下，根据实验室条件，完成选题、设计实验、准备实验、实施实验和小结实验等全过程，提高学生的综合素质，培养学生的创新精神与实践能力。

【实验目的】

训练学生查阅资料，发现问题，灵活运用所学知识和技能，设计实验，完成实验，以培养学生验证和解决某一实际问题的能力，培养创新意识和能力，培养学生的团队协作精神。

【实验内容】

本实验配合植物地理学野外实习进行。教师通过对实习基地踏勘，充分了解实习基地的情况以后，结合实习动员会全面介绍实习基地植物种类组成和植被的情况，讲解实施本实验的目的、意义和具体安排，明确选题范围和选题原则，指导学生选题并讲解实验设计的原则。学生以小组（5～10人）为单位选定课题。实验步骤如下：

1 查阅资料，选题

由教师提供课题，学生选定研究课题；或由学生查阅资料，根据已经掌握的植物学和植物地理学的背景知识，自行命题，报教师审批。

参考选题：

(1) 植物群落结构分析。

(2) 植物群落的物种多样性。

(3) 环境因子对植物群落作用的分析。

(4) 外来入侵植物的初步调查。

(5) 外来入侵植物的区系特征。

(6) 种子植物的区系特征。

(7) 蕨类植物的区系特征。

(8) 植物群落的数量分类和排序。
(9) 种群的空间分布格局研究。
(10) 不同演替阶段种群的分布格局变化。
(11) 植物群落种间关联的初步研究。
(12) 植物群落的动态研究。
(13) 种群的年龄结构。
(14) 人类活动对植物群落的影响。
(15) 研究地植被图的绘制。

2　查阅资料，灵活运用所学知识和技能设计实验

根据选题，利用图书馆、数据库等资源广泛查阅资料，讨论、设计实验方案，内容包括课题名称、实验目的、基本原理、材料与用品、方法与步骤。实验设计经小组讨论后交教师审阅、修改、完善，经教师审批后方可实施。

3　实施并完成自行设计的实验

根据实验设计技术路线，进行实习前的准备工作，包括记录表格、仪器等，在野外实习过程中按照设计方案的步骤，完成野外调查，并做好实验记录，向教师报告实验情况和结果，经教师批准后方可结束实验。将野外调查数据完整带回实验室，在室内进行数据的整理和分析。

4　小结实验，写出实验报告

分析讨论实验结果。以小论文格式书写实验报告，内容包括摘要、前言、材料与方法、实验结果、讨论、参考文献等几部分。

【作业与思考题】

1. 以小论文形式书写本次实验报告。
2. 总结设计实验的收获、体会，并提出改进的建议。

主要参考文献

陈述彭,鲁学军,周成虎.1999.地理信息系统导论.北京:科学出版社

董鸣.1996.陆生生物群落调查观测与分析.北京:中国标准出版社

付必谦,张峰,高瑞如.2006.生态学实验原理与方法.北京:科学出版社

付荣恕,刘林德.2004.生态学实验教程.北京:科学出版社

高信曾,陈耀堂,邓岳芬等.1986.植物学实验指导(形态解剖部分).北京:高等教育出版社

高玉葆,石福臣.2008.植物生物学与生态学实验.北京:科学出版社

金银根.2006.植物学.北京:科学出版社

娄安如,牛翠娟.2005.基础生态学实验指导.北京:高等教育出版社

马丹炜,王跃华,王道模等.2004.青城山森林植被常见种群种间联结性的研究.四川大学学报(自然科学版),41(1):169~173

马丹炜,张宏.2008.植物地理学.北京:科学出版社

内蒙古大学生物系.1986.植物生态学实验.北京:高等教育出版社

沈显生,尹路明,周忠泽.2003.植物生物学实验.合肥:中国科技大学出版社

宋永昌.2001.植被生态学.上海:华东师范大学出版社

汪劲武.1985.种子植物分类学.北京:高等教育出版社

汪矛.2003.植物生物学实验教程.北京:科学出版社

汪小凡,杨继.2006.植物生物学实验.第2版.北京:高等教育出版社

王伯荪.1987.植物群落学.北京:高等教育出版社

王荷生.1992.植物区系地理.北京:科学出版社

王建.2006.现代自然地理学实习教程.北京:高等教育出版社

王英典,刘宁.2001.植物生物学实验指导.北京:高等教育出版社

魏学智.2008.植物学野外实习指导.北京:科学出版社

吴征镒,周浙昆,李德铢等.2003.世界种子植物科的分布区类型系统.云南植物研究,25(3):245~257

吴征镒.1991.中国种子植物属的分布区类型.云南植物研究,(增刊):1~139

武吉华,刘濂.1983.植物地理实习指导.北京:高等教育出版社

阳含熙,卢泽愚.1982.植物生态学的数量分类方法.北京:科学出版社

杨持.2003.生态学实验与实习.北京:高等教育出版社

杨继.2000.植物生物学实验.北京:高等教育出版社

阎传海.2001.植物地理学.北京:科学出版社

张彪,淮虎银,金银根.2002.植物分类学实验.南京:东南大学出版社

张超.2000.地理信息系统实习教程.北京:高等教育出版社

张峰,上官铁梁.2000.山西翅果油树群落优势种群的分布格局研究.植物生态学报,24(5):590~594

张乃群,朱自学.2006.植物学实验及实习指导.北京:化学工业出版社

章家恩.2007.生态学常用实验研究方法与技术.北京:化学工业出版社

赵志模,郭依泉.1990.群落生态学原理与方法.重庆:科学技术文献出版社重庆分社

郑师章,吴千红,王海波等.1994.普通生态学——原理、方法和应用.上海:复旦大学出版社

中国科学院植物研究所.1972.高等植物图鉴.第一册.北京:科学出版社

周灿芳，余世孝，郑业鲁等．2003. 种群分布格局测定的样方尺度效应．广西植物，23（1）：19～22
周云龙．2004. 植物生物学．北京：高等教育出版社
Cox C W. 1979. 普通生态学实验手册．蒋有绪译．北京：科学出版社
Pielou E C. 1969. An Introduction to Mathematical Ecology. New York: John Wiley & Sons
Reynolds L J. 1990. 统计生态学．李育中等译．呼和浩特：内蒙古大学出版社
Simpson E H. 1949. Measurement of diversity. Nature, 167: 688
Walter H. 1979. Vegetation of the earth. 2nd ed. New York: Springer-Verlag
Whittaker R H. 1986. 植物群落排序．王伯荪译．北京：科学出版社

附　　录

附录Ⅰ　高等植物标本采集与制作

1　标本的采集

一株植物或者植物体一部分经过压制干燥后，固定在台纸上就是腊叶标本或干制标本。它可以长期保藏，供教学及科研使用。标本通常在野外采集，采集的标本要求按照一定的规格和方法，才能保证质量。

（1）采集用具。标本夹（45cm×30cm）、标本纸（吸收植物水分）、标本瓶、采集箱或塑料袋、枝剪、小抄网、小镐、掘根器、镊子、放大镜、标本野外记录册及标本号牌、小纸袋、放大镜及米尺等。

（2）标本力求完整。为了鉴定植物的准确性，应采取具有花（果）、枝（含顶端部分）、叶、根等器官的植株或其中一部分。一般地，高不足40cm的草本应整株掘起压制标本，遇到很高大的植物则有时采用反复折叠或选取有代表性的上、中、下三段压制标本；若个体甚小，则可以多采几株以排满标本纸为宜。木本植物标本应选择采集具有花果的枝端。叶过大者可剪去一半，但务必保留顶端。植被调查中常遇无花无果的植物，也要采制标本，以供检验审核。

采集苔藓植物时对生态环境和生活型进行观察记录，对孢子体和配子体的形态、生长方式，叶的排列和颜色、光泽等都要观察记录，判断其所属的纲、科、属。对于漂浮水面的苔藓植物，可用小抄网捞取，装入标本瓶中。而对于生于潮湿和积水地里的植物，用手或镊子夹取，装入标本瓶，或用手挤干水后稍晾一会，装入采集袋。生于石头缝中的苔藓用刀刮取；生于树干上者用刀削取；生于枝上者连同枝截取。对于土生苔藓，连同土层铲起，注意假根不要破坏。采集的苔藓植物应有孢蒴。另外，由于苔藓植物的孢子体成熟后，有的蒴帽易脱落，采集时应注意收集蒴帽装入纸袋中。有些树生藓类，还要记录树种名称。有些苔类的配子体是雌雄异株，应注意标本性别；即使是雌雄同体者，也要注意雌器托和雄器托的变化和形态。苔藓植物的采集，特别要注意对配子体和孢子体的形态进行记录。

蕨类植物孢子体较发达，蕨类植物标本应是具根状茎、叶及有孢子囊的植株。对于水生植株和一些小型植株，要采集全株；对于较大的植株，可分段采集，将完整的叶片和一段茎分别编上相同的号码。采集时，对于孢子叶和营养叶分开的蕨类植物，要分别采集并编上相同的号码。叶柄基部和茎上的鳞片等附属物，往往是分类学上的重要依据之一，采集蕨类植物标本时要注意保存叶柄。

(3) 标本要编号登记。每种标本皆应拴好标签，上面记有按一定顺序编排的号码，每种植物若重复多采时应挂相同号牌。若植物叶片巨大，需要分段分别压制时，亦挂相同号牌，但注明 a、b、c 等字样。

采集记录要在采集时登记，避免追忆发生错误。采集号、产地、海拔高度、生境、习性、植株高度均需记载清楚，凡压制后容易发生变异的各器官特征都应立即填写清楚，如颜色、大小等。

如果标本采于植被调查样地，而且已有暂定名，必须记录在册，防止混乱。

2　标本的制作

2.1　浸制标本的制作

对于含水较多的植物或水生植物，因体内含水较多，制干后标本非常薄，易变形失真，这些植物宜制成浸制标本。将植株整理干净后放入标本瓶，用 5%福尔马林溶液浸泡即可；也可用 70%乙醇溶液浸泡，但脱色严重。如需保色，可先将植株放入饱和硫酸铜水溶液中浸泡 24～48h，取出洗净，再转入 5%福尔马林溶液中存放，瓶口要密封。

2.2　干制标本的制作

大多数苔藓植物宜制作干标本，尤其是藓类植物。直接将采集的标本连同纸袋（打开口）放在通风处晾干，避免阳光直晒。干燥后在袋外贴上采集签和定名签，即可入柜保存，无须消毒处理。标本袋也可用 20 cm×22 cm 牛皮纸折叠成的纸袋。

2.3　腊叶标本的制作

2.3.1　压制方法

将采回来的新鲜植物标本进行初步整理，适当剪除重叠过多的枝叶、花果，洗去根部的泥土等。然后，将一块标本夹放平，上置 4 或 5 层吸水纸，再把经过初步整理的植物标本平展于吸水纸之上，每放一份植物标本都要仔细整理，把折叠的叶理平，正面和反面的叶子都应各压一些（以便观察叶的正面和反面上的特征），如果叶子非常大，可将叶子的一侧剪去一些，但叶尖必须保留；花、果实应完全露出，不要被叶子盖住；花序、果序应按其野外生长状态压，如原来是下垂的，不可压成直立的；肉质植物和比较大的果实标本在压制前可先在 80～90℃水中烫 3～4min 后再压制，也可将它们切开后再压制；在放置植物标本时，要不断调换植物标本的根部或粗大部分的位置，以保持整夹标本的平整。标本整理好后盖上 2 或 3 层吸水纸（潮湿、肉质植物标本要多盖几层吸水纸）。以后每隔 2 或 3 层吸水纸放一份植物标本，这样边整理边压制，当标本达到一定高度后，再盖上另一块标本夹，用绳捆紧，置于通风干燥处。以后每天都要更换干纸，同时加以必要的整理。待标本稍干，隔纸可略减厚度，夹子则宜稍增压力。正常晴日 7～8d 可干。每天换下的湿纸在阳光下晒干或烘干，以备换用。现在人们试用熨斗隔纸熨压标本，干燥快而变色少，效果较好。

2.3.2 上台纸

待标本完全压干以后，要及时上台纸，制成腊叶标本，以便保存。这项工作一般在室内进行。标本在上台纸前，要进行消毒（苔藓植物不用消毒），然后再将干燥标本用针线或透明胶带固定在洁白坚硬的台纸上，同时附以采集记录。从而完成腊叶标本的全部制作过程。腊叶标本的质地干脆易断，使用和搬动时要注意保护，不能随意从成套标本中抽拉、硬塞，也不能随意翻动干燥的叶片和花被等。标本一般应按科、属分类存放，既便于查找，又不易损坏。

附录Ⅱ　植物地理学数据处理的基本方法

处理数据是科学研究中的核心环节之一。在植物地理学研究中，运用大量的调查或实验数据，运用统计学原理，对其实验结果进行科学的分析，从而作出符合科学实际的推断。统计学涉及内容广泛，这里仅提供涉及植物地理学本科学生实验常用的一些数据处理方法。具体的运算可以通过计算机专业软件或相关软件来完成。

植物地理学实验获得的数据最基本处理过程如图Ⅱ-1所示。

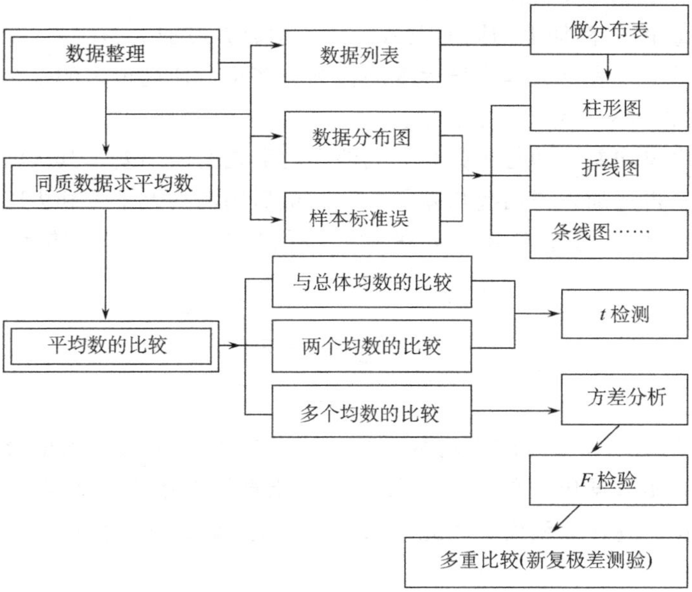

图Ⅱ-1　数据处理流程图（杨持，2003）

1　平均数和标准差（或方差）

平均数是表示数据集中趋势的最常用指标，而标准差（或方差）则是表示数据离散趋势的最常用指标。在统计学中，表示数据集中趋势的指标有多个，使用最多的是算术平均数，简称为平均数，通常用符号 $\overline{x}$ 表示。

如果一个含量为 n 的样本，其 n 个观察值分别用 x_1、x_2、…、x_n 表示，则它们的平均数为

$$\overline{x}=\frac{x_1+x_2+\cdots+x_n}{n}=\frac{\sum_{i=1}^{n}x_i}{n} \tag{Ⅱ.1}$$

如果样本中有 n_1 个 x_1、n_2 个 x_2，那么，n_1+n_2 个数的平均数是加权平均数。

$$\overline{x}=\frac{n_1x_1+n_2x_2}{n_1+n_2} \tag{Ⅱ.2}$$

平均数有以下几个基本特性：

(1) 平均数的计算与样本内每个值都有关，它的大小受每个值的影响。

(2) 若每个 x_i 乘以相同的数 k，则平均数亦应乘以 k。

(3) 若每个 x_i 都加上相同的数 A，则平均数亦应加上 A。

在统计学中，表示数据变异程度的指标有多个，使用最多的是标准差（或方差），通常用符号 s（或 s^2）来表示。

首先求出离均差，即每个数与它们的平均数之间的离差；其次将所有的离均差求得平方，再相加，得出离均差平方和；最后用离均差平方和去除 $n-1$（按照统计学理论，不要用样本含量 n 去除），所得的商称为样本方差，用符号 s^2 表示。

$$s^2=\frac{\sum_{i=1}^{n}(x_i-\overline{x})^2}{n-1} \tag{Ⅱ.3}$$

方差 s^2 是离均差平方的平均数。虽然方差在实际应用中用得最广泛，但因它的单位是原始数据单位的平方，所以它不能直接地指出某个数 x 与平均数之间的偏离究竟达到什么程度。为此，采用标准差 s 做标准，衡量 x 与平均数之间的离散程度。

$$s=\sqrt{\frac{\sum_{i=1}^{n}(x_i-\overline{x})^2}{n-1}} \tag{Ⅱ.4}$$

2 数据的表示

在研究中，往往是用样本的信息来推断总体的特征，由于抽样误差，样本的平均数并不恰好等于总体平均数，这样由抽样导致的样本平均数与总体平均数之差称为均数的抽样误差。同时，也由于取样的多少不同，所得样本的均数之间也不一定相等。样本均数是否能够反映总体均数，取决于研究工作对正确性的要求。这个正确性的水平就是检验水平（α）。

检验水平 $\alpha=0.05$，表示用一样本均数估计未知总体均数，理论上有 95％×

(1－α) 的正确水平。这时均数的可信区间为

$$\left(\overline{x} - t_{\alpha,v} \cdot \frac{s}{\sqrt{n}}, \overline{x} + t_{\alpha,v} \cdot \frac{s}{\sqrt{n}}\right) \qquad (\text{Ⅱ}.5)$$

式中，$\overline{x}$ 为样本均数；n 为样本数量；v 为自由度（$v=n-1$）；$t_{\alpha,v}$ 为在检验水平为 α、自由度为 v 时，查 t 值表得到的值；s 为样本标准差。

3　数据的检验

当样本含量 $n<30$ 且总体方差 σ^2 未知时，要检验样本平均数 $\overline{x}$ 与指定的总体平均数 μ_0 之间的差异显著性，或检验两个样本平均数 $\overline{x}_1$ 和 $\overline{x}_2$ 与所属总体平均数 μ_1 和 μ_2 是否相等，就必须使用 t 检验。在植物地理学研究中，由于实验条件和研究对象的限制，许多时候很难达到样本含量大于 30，特别是研究总体的方差 σ^2 在绝大多数情况下是未知的。因此，t 检验在植物地理学研究中具有重要的应用意义。t 检验的方法很多，在此，仅介绍最常应用的成组数据 t 检验。成组数据资料的特点是指两个样本的各个观察值是从各自的总体中随机抽取的，两个样本没有任何关联，即两个样本彼此独立。根据两组数据样本平均数的大小，检验其总体之间的差异显著性。

3.1　样本均数与总体均数比较的 t 检验

这种检验主要是推断样本均值 $\overline{x}$ 所代表的未知总体均数 μ 与已知的总体未知均数 μ_0 是否相等，这时首先计算统计量 t 值：

$$t = \frac{\overline{x} - \mu_0}{s_{\overline{x}}} = \frac{\overline{x} - \mu_0}{s/\sqrt{n}} \qquad v = n - 1 \qquad (\text{Ⅱ}.6)$$

查 t 表，得 α 值。如果 $\alpha>0.05$，一般认为没有差异；如果 $0.01\leqslant\alpha\leqslant0.05$，认为有显著差异；$\alpha<0.01$，认为达到极显著差异。

3.2　成对数据资料的比较

这类数据组间的比较，首先是计算各对数据之间的差值 d 及其均数 $\overline{d}$，这样两组成对数据之间的比较就转化成了其差数的均数 $\overline{d}$ 与 0 之间的比较。首先计算统计量 t 值：

$$t = \frac{\overline{d}}{s_d/\sqrt{n}} \qquad (\text{Ⅱ}.7)$$

$$s_d = \sqrt{\frac{\sum d_i^2 - (\sum d_i)^2/n}{n-1}} \qquad v = n - 1 \qquad (\text{Ⅱ}.8)$$

查 t 表，得 α 值。如果 $\alpha>0.05$，一般认为没有差异；如果 $0.01\leqslant\alpha\leqslant0.05$，

认为有显著差异；$\alpha<0.01$，认为达到极显著差异。

3.3 两样本均数的比较

原理同上，计算 t 值，确定自由度 v，然后查阅 t 表，查阅可信度区间。通过比较实际的置信度区间和要求的置信度区间的差异，判定样本均数有无差异性。

若样本 1 的观测值有 n_1 个，样本 2 的观测值有 n_2 个，它们的均数分别是 $\bar{x}_1$ 和 $\bar{x}_2$，则

$$t=\frac{\bar{x}_1-\bar{x}_2}{\sqrt{\dfrac{\sum x_{1i}^2+\sum x_{2i}^2+[(\sum x_{1i})^2/n_1-(\sum x_{2i})^2/n_2]}{n_1+n_2-2}\left(\dfrac{1}{n_1}+\dfrac{1}{n_2}\right)}}\quad v=n_1+n_2-2 \tag{Ⅱ.9}$$

如果 $n_1=n_2$，式（Ⅱ.9）可以简化为

$$t=\frac{\bar{x}_1-\bar{x}_2}{\sqrt{\dfrac{\sum x_{1i}^2+\sum x_{2i}^2+[(\sum x_{1i})^2-(\sum x_{2i})^2]/n}{n(n-1)}}} \tag{Ⅱ.10}$$

两个均数的比较可以用 SPSS 来完成，其步骤如下：

打开 SPSS→点击下方的“Variable View”→在“Name”栏第 1 行输入“样本”，在“Name”栏第 2 行输入“实验数据”→点击“Data View”返回→根据每个样本个体数 n_1 和 n_2，分别在“样本”列下依次输入 n_1 个“1”和 n_2 个“2”，在“实验数据”列与“1”对应依次输入第 1 个样本的数据，与“2”对应依次输入第 2 个样本的数据→打开“Analyze”→“Compare Means”→“Independent Sample T Test”，将“实验数据”送入“Test Variable”对话框，将“样本”送入“Grouping Variable”对话框。点击“Define Groups”按钮，在“Use Specified Values”下的“Group1”中输入“1”（表示第 1 个样本），“Group2”中输入“2”（表示第 2 个样本），接着按“Continue”返回。最后按“OK”就可以得到两个样本平均数的 t 检验结果。

4 方差分析

方差分析是一类特定情况下的统计假设检验，可以同时判断多组数据平均数之间的差异显著性，简称 ANOVA。

在一个多处理实验中，可以得出一系列不同的观察值。造成观察值不同的原因是多方面的，有的是处理不同所引起的，称作处理效应；有的是实验过程中偶然性因素的干扰和测量误差所致，称作实验误差。方差分析的基本思想是将测量

数据的总变异按照变异原因不同，分解为处理效应和实验误差，并作出数量估计。

方差分析的目的就是检验处理效应的大小或有无。通过方差分析，确定各种原因在总变异中所占的重要程度，即用处理效应和实验误差在一定意义下进行比较，若二者相差不大，则可认为实验处理对指标影响不大，若二者相差较大，则可说明实验处理的影响是很大的，不可忽视。

方差分析过程如下：

4.1　方差和自由度

设有 k 组样本，每样本皆具有 n 个观测值，则共有 nk 个观测值。这些观测值的总变异 s_{T}^2 由组间变异 s_{t}^2 和组内变异 s_{e}^2 构成。它们可以分别按下列公式计算得到：

$$s_{\mathrm{T}}^2 = \frac{\sum (x_{ij} - \bar{x})^2}{nk - 1} \tag{Ⅱ.11}$$

$$s_{\mathrm{t}}^2 = \frac{\sum (x_j - \bar{x}_j)^2}{k - 1} \tag{Ⅱ.12}$$

$$s_{\mathrm{e}}^2 = \frac{\sum \sum (x_i - \bar{x}_i)^2}{k(n - 1)} \tag{Ⅱ.13}$$

式中，$i=1, 2, 3, \cdots, k$；$j=1, 2, 3, \cdots, n$；总变异自由度为 $nk-1$；组间自由度为 $k-1$；组内自由度为 n（$n-1$）。

4.2　*F* 测验

根据以上方差分析结果，可以得到 F 值：

$$F = \frac{s_{\mathrm{t}}^2}{s_{\mathrm{e}}^2} \tag{Ⅱ.14}$$

将计算得到的 F 值和查表得到的 F_α 值（在以上特定的自由度和拟定的显著水平上）进行比较。如果 $F>F_\alpha$，则说明组间变异量显著地大于组内变异量，即不同处理间的结果是有差异的。

4.3　多重比较

F 测验得到的结果是一个整体差异，即说明处理组的平均值是有显著差异的，但并不说明各个平均数之间都有显著差异，也不能说明是一部分平均数有差异，而另外一部分平均数间没有差异。为此需要对各平均数进行多重比较。这里介绍最常用的 Duncan 法，又称为新复极差测验（SSR）。它的计算过程分别可以表示如下：

(1) 计算平均数的标准误（SE）。当各样本的容量均为 n 时，

$$SE=\sqrt{\frac{s_e^2}{n}} \tag{Ⅱ.15}$$

(2) 查 SSR 表，可以得到在 s_e^2 在各自由度下，$n=2$，3，…，n 时的 SSR_α 值，进而算得各个 p 下的最小显著极差 LSR（p 为某两极差间所包含的平均数个数）：

$$LSR_\alpha = SE \times SSR_\alpha$$

(3) 将各平均数按大小顺序排列，用各个 p 的 LSR_α 值测验各平均数两极差的显著性：凡是两极差小于 LSR_α，即认为两个平均数间在 α 水平上没有差异；凡极差大于等于 LSR_α，即两极差在 α 水平上差异显著。

(4) 多重比较的结果表示方法很多，但目前国际上生态学主要刊物大多采用 Duncan 法。它的表示方法如下：

将全部平均数从大到小依次排列，然后在最大的平均数上标字母 a，并将该平均数与以下各平均数相比，凡相差不显著的（小于 LSR_α 的），都标记上 a，直至某个与之相差显著的平均数标以字母 b；再以标有 b 的平均数为标准，与下方的平均数比，凡不显著的继续以字母 b 标记，直到某个与之相差显著的平均数标以字母 c。如此重复下去，直到最小的一个平均数有了标记字母为止。这样，各个平均数间，凡标有一个相同字母的即为差异不显著，凡标有不同字母的即为差异显著。

在实际应用中，为了区分 0.05 和 0.01 水平上的差异性，以小写字母表示 0.05 水平，以大写字母表示 0.01 水平。

上述统计过程可以应用 SPSS 来完成，具体步骤如下：

打开 SPSS→点击下方的“Variable View”→定义变量属性→点击“Data View”返回→输入数据→File→Save→依次打开“Analyze”、“Compare Means”、“One-Way ANOVA”→设置因变量和自变量→打开“Post Hoc”子对话框→选中“Equal Variances Assumed”→选择“Duncan”→点击“Continue”回到主对话框→OK，即可得到 ANOVA 和 Duncan 多重比较结果。

上述操作得到的 Duncan 多重比较结果的显著性水平为 $\alpha=0.05$（系统默认值），如果要得到 $\alpha=0.01$ 的多重比较结果，只要打开“Post Hoc”，将最下方的“Significant Level”中的 0.05 改为 0.01，然后点击“OK”。

5 χ^2 检验

对离散型资料进行统计假设检验，通常采用 χ^2 检验。χ^2 检验一般可分为两

种类型：一类是吻合度检验；另一类是独立性检验。前者是先通过一定的理论分布推算出样本理论值，然后用实际观察值与理论值进行比较，从而得出实际观察值与理论值之间是否吻合。后者是研究两个或两个以上属性的计数资料是相互独立的还是相互联系的，先假设各属性之间没有关联，然后证明这种无关联的假设是否成立。

对计数资料进行 χ^2 检验，其基本原理是应用理论估计值与实际观察值之间的偏离程度来决定其 χ^2 的大小。在计算理论值（T）与观察值（O）之间的符合程度时，采用公式：

$$\chi^2=\sum_{i=1}^{k}\frac{(O_i-T_i)^2}{T_i} \tag{Ⅱ.16}$$

由式（Ⅱ.16）可知，χ^2 最小值为 0，随着 χ^2 值的增大，观察值与理论值之间的符合程度越来越小，其符合程度由 χ^2 概率来决定。χ^2 概率可由 χ^2 值表来决定。

χ^2 检验的步骤如下：

（1）提出假设　H_0：$O=T$

　　　　　　　H_1：$O\neq T$

（2）确定显著性水平　$\alpha=0.05$ 或 $\alpha=0.01$

（3）计算检验统计量　根据理论分布求出各个理论值 T，结合各观察值，代入式（Ⅱ.20），计算 χ^2。

（4）得出结论　从 χ^2 值表查出自由度 $df=k-1$ 时的 χ^2，若 $\chi^2<\chi^2_\alpha$，则接受 H_0；$\chi^2>\chi^2_\alpha$，则拒绝 H_0，接受 H_1。

在进行 χ^2 检验时，应注意两个问题：

（1）任何一组的理论值 t 都必须大于 5，如果 $T_i\leqslant 5$，则需要邻组合并或增大样本含量，以满足 $T_i>5$。

（2）在自由度 $df=1$ 时，需要进行矫正，矫正公式为

$$\chi^2=\frac{\sum_{i=1}^{k}(|O_i-T_i|-0.5)^2}{T_i} \tag{Ⅱ.17}$$

6　回归与相关

在植物地理学研究中，经常会遇到两个或多个变量间的关系问题。变量之间相互制约，相互依存。一种变量受另一种变量的影响，两者之间既有关系，但又不存在完全确定的函数关系。知道其中一种变量，并不能精确求出另一变量的值，如树木的胸径与树高属于这一类例子。

设有两个随机变量 X 和 Y，对于任一随机变量的每个可能的值，另一个随

机变量都有一个确定的分布与之对应，则称这两个随机变量之间存在相关关系。

研究两个变量之间的关系主要是为了探求两变量的内部联系，或者是从一个变量 X（可以是随机变量，也可以是一般变量），去推测另一个随机变量 Y。如果对于变量 X 的每一个可能的值 X_i，随机变量 Y 都有一个分布相对应，则称随机变量 Y 对变量 X 存在回归关系。X 称为自变量，Y 称为因变量。

在做两个变量之间的关系研究时，首先要收集数据，从变量 X 中得到 x_1，从随机变量 Y 中得到对应的 y_1。在收集到许多对数据之后，最好先做出一个散点图，直观地描述一下两个变量之间的关系。根据散点图考虑以下问题：

(1) 两变量之间的关系是否密切，我们能否用 X 来估计 Y。

(2) 两变量之间的关系是线性的（散点呈一条直线），还是非线性的（散点呈某种曲线或无规律）。

(3) 是否存在某个点偏离过大。

(4) 是否存在其他关系。

如果两个变量之间的关系是线性的，分析起来比较简单。如果两个变量之间的关系非线性的，则需要将数据进行必要的转换，将曲线化为直线，再按直线回归处理。下面介绍直线回归方法。

在具有回归关系的两个变量之间，对于任一个 x_i，都不会有一个确切的 y_i 与之对应，而是有一个分布相对应。当 $X=x_i$ 时，y 的平均数为 $\mu_Y \cdot X=x_i$，若两个变量之间是线性关系，则有

$$\mu_Y = \alpha + \beta X \tag{Ⅱ.18}$$

一般情况下，只能通过实验或调查获得有限对数据。因此，得不到真正的 μ_Y、α 和 β 值，只能用它们的估计值。

$$Y = a + bX \tag{Ⅱ.19}$$

用 y 估计 μ_Y，用 a 估计 α，用 b 估计 β。式（Ⅱ.19）称为 Y 对 X 的回归方程，所画的直线称为回归线，b 称为回归系数。

利用最小二乘法，通过实验或调查数据，计算 a 和 b：

$$a = \overline{y} - b\overline{x} \tag{Ⅱ.20}$$

$$b = \frac{\sum_{i=1}^{n}(x_i - \overline{x})(y_i - \overline{y})}{\sum_{i=1}^{n}(x_i - \overline{x})^2} = \frac{S_{XY}}{S_{XX}} \tag{Ⅱ.21}$$

两个变量之间线性回归的显著程度是由 β 决定的。当 $\beta=0$ 时，两个变量之间不存在线性关系。因此，在得到样本回归系数 b 之后，还必须要对 H_0：$\beta=0$、

H_1：$\beta \neq 0$ 的假设做检验。如果不能拒绝 $\beta=0$、H_1：$\beta \neq 0$，就没有足够的理由认为 Y 和 X 之间存在线性关系。回归系数的显著性检验用 t 检验，检验统计量

$$t = \frac{b}{s_b} \tag{Ⅱ.22}$$

服从 $n-2$ 自由度的 t 分布。式中，s_b 为回归系数 b 的标准差，

$$s_b = \sqrt{\frac{MS_e}{S_{XX}}} \tag{Ⅱ.23}$$

$$MS_e = \frac{S_{YY} - bS_{XY}}{n-2} \tag{Ⅱ.24}$$

$$S_{YY} = \sum_{i=1}^{n}(y_i - \overline{y})^2 \tag{Ⅱ.25}$$

应用 SPSS 完成一元线性回归分析的步骤如下：

第一步，打开 SPSS→点击下方的“Variable View”→在“Name”栏第 1 行输入自变量“X”，在第 2 行输入因变量“Y”→点击“Data View”返回→输入数据→依次打开“Analyze”、“Regression”、“Linear”→将因变量“Y”送入“Dependent”对话框，自变量“X”送入“Independent”对话框→点击“OK”。这样就可以得到一元线性回归分析的所有结果，包括回归系数 a、b 及其显著性检验，回归方程的 ANOVA 及 X 和 Y 的相关系数及显著性检验结果。

附录Ⅲ 蕨类植物分科检索表

1. 叶退化或细小，远不如茎那样发达，鳞片形、钻形或披针形，不分裂（少为二叉），如叶为韭菜叶状的长钻形，则成簇生于短厚的肉质块状茎上；孢子囊不聚生成囊群，或单独生于叶的基部上面或腋间，或生于枝顶的孢子叶球内**（小叶型蕨类）**。
  2. 茎细长圆柱形，直立，无真正的叶，有明显的节，单茎或在节上有轮生枝，中空，节间表面有纵沟脊，各节被轮生管状而有锯齿的鞘所围绕；孢子囊多数，生于盾状鳞片形的孢子叶的下面，在枝顶上形成单独椭圆形的孢子叶球 ………………………………………………………… **木贼科 Equisetaceae**
  2. 植物体形完全不同上述；孢子囊腋生于孢子叶的基部或上面。
   3. 茎细长，往往多次二叉分枝；叶退化为无叶绿素的二叉小钻形或为正常的鳞片形或小钻形，分布于茎和枝的全长；孢子囊生于孢子叶的基部上表面（腋生）；陆生植物。
    4. 枝三角形，多次同位二叉分枝；叶退化为二叉小钻形，无叶绿素；孢子囊近球圆形，三室 ………………………………………… **松叶蕨科 Psilotaceae**
    4. 枝圆形，一至多次等位或不等位二叉分枝；叶小而正常，鳞片形、钻形、条形到披针形，有叶绿素；孢子囊扁肾形，一室。
     5. 茎辐射对称，无根托（支撑根）；叶同型，少为二型，钻形或披针形，螺旋状排列，或少为鳞片形，交互对生，扁平，腹叶基部不具叶舌；孢子囊同型 ………………………………………………… **石松科 Lycopodiaceae**
     5. 茎常有腹背之分，有根托；叶通常鳞片形，二型，为二列生（四行排列），扁平或少为钻形，同型，少为螺旋状排列；腹叶基部有一小舌状体（叶舌）；孢子囊二型 …………………………… **卷柏科 Selaginellaceae**
   3. 茎略为扁圆的肉质块茎状，有不甚明显的三纵沟；叶长钻形，略扁圆，形如禾秧或韭菜，覆瓦状地簇生于块状茎上；孢子囊深藏于每叶的膨大基部内侧的穴内；孢子二型；浅水或沼泽植物（或一年中短期无水）………… ……………………………………………………………… **水韭科 Isoetaceae**
1. 叶远较茎为发达，单叶或复叶；孢子囊通常生于正常叶的下面或边缘，或特化叶的下面或边缘，聚生成圆形、长形或条形的孢子囊群或孢子囊穗，或满布叶下面**（大叶型蕨类）**。
  6. 孢子囊起源于一群细胞，壁厚，由多层细胞组成。
   7. 幼叶开放时为直立或倾斜；叶小，叶片二型，能育叶和不育叶出自共同的叶柄；孢子囊球圆形，不形成囊群而是成行地生于特化的叶片（能育叶）

边缘（囊托），成穗状或圆锥形的复穗状的孢子囊序。

8. 单叶（或少有自顶部深裂）；叶脉网状；孢子囊序为单穗状；孢子囊大，为扁球圆形，陷入于囊托两侧，以横缝开裂 ………………………………………………………………………… **瓶尔小草科 Ophioglossaceae**

8. 复叶，一至三回羽状或掌状分裂；叶脉分离；孢子囊序为圆锥状或复穗状；孢子囊小，球圆形或近圆形，不陷入于囊托内，以纵缝或横缝开裂。

9. 叶为二至三回羽状，少为一回羽状；孢子囊序为圆锥状，孢子囊球圆形，以横缝开裂 ……………………………………… **阴地蕨科 Botrychiaceae**

9. 叶为掌状；孢子囊序为细长紧密的复穗状；孢子囊近圆形或卵形，以纵缝开裂 ………………………………… **七指蕨科 Helminthostachyaceae**

7. 幼叶开放时为拳卷形，叶大，同型（无不育叶和能育叶之分），一至二回羽状或掌状；叶柄基部具一对肉质托叶；孢子囊船形，腹部纵裂，生于正常叶的下面，集合成条形或矩圆形（少为圆形）的分离或聚合囊群。

10. 叶为一至二回羽状；羽片（或小羽片）披针形，边缘有锯齿；叶脉分离；孢子囊群条形、长形或矩圆形，有规则地沿叶脉着生，由两排密接而分离的孢子囊组成 ……………………………… **莲座蕨科 Angiopteridaceae**

10. 叶为掌状指裂或三出；羽片卵状矩圆形，全缘；叶脉网状；孢子囊群为圆环形，中空，生于网脉的交结点上，为聚合囊群（所有的孢子囊融合成一个整体），星散地分布于叶下面 ……… **天星蕨科 Christenseniaceae**

6. 孢子囊起源于一个细胞，壁薄，由一层细胞组成。

11. 孢子同型；植物体形代表通常的蕨类植物，陆生或附生，少为湿生或水生，一般为中形或大形植物（有时为树形）。

12. 海滩潮汐植物或池塘淡水植物。

13. 海滩潮汐植物；叶革质，同形，单数一回羽状；孢子囊密布于叶下面，叶边不反折 ……………………………………… **卤蕨科 Acrostichaceae**

13. 池塘水沟淡水植物（漂浮或生于淤泥中）；叶多汁，草质，二形，二至三回羽状；孢子囊疏生于能育叶下面的网脉上并为反折的叶边掩盖 ………………………………………………………… **水蕨科 Ceratopteridaceae**

12. 陆生或附生植物（少为湿生）。

14. 植物全体无鳞片，也无真正的毛，幼时仅有黏质腺体绒毛，不久消失。

15. 叶柄基部两侧膨大为托叶状；叶二形（或羽片二形），一至二回羽状；羽片或小羽片大，披针形至矩圆形；孢子囊不定形。

16. 叶柄基部两侧外面不具疣状突起的气囊体；能育叶（或同一叶上的能育羽片）特化为穗状或复穗状的孢子囊序 …… **紫萁科 Osmundaceae**

16. 叶柄基部两侧外面各具一行或少数疣状突起的气囊体（往往上升到叶

柄和叶轴)；能育叶的羽片狭缩成狭条形，孢子囊群成熟时满布叶下面，幼时叶边反折如假囊群盖 …………… **瘤足蕨科 Plagiogyriaceae**

15. 叶柄基部两侧不膨大为托叶状；叶一形，二至四回羽状细裂（少有一回羽状)；小羽片极小，不同上述形状；孢子囊群小，圆形，生于小脉的近顶处……………………………………… **稀子蕨科 Monachosoraceae**

14. 植物体通常多少具有鳞片（特别在叶柄基部或根状茎上）或真正的毛（特别在叶片两面和羽轴或主脉上面)，有时鳞片上也有针状刚毛。

17. 叶为强度的二形，不育叶一回羽状；能育叶的变质羽片在羽轴两侧或卷成筒形或聚合成分离的小圆球形 …………… **球子蕨科 Onocleaceae**

17. 叶为一形或二形，如为二形，则能育叶（或羽片）比不育叶（或羽片）仅为不同程度的狭缩，从不为同样的卷缩。

18. 孢子囊群（或囊托）突出于叶边之外。

19. 缠绕攀缘植物，有无限生长的茎；叶的结构由多层细胞组成，有气孔；孢子囊椭圆形，横生于短囊柄上，具有围绕顶端的环带………
…………………………………………………… **海金沙科 Lygodiaceae**

19. 不为缠绕攀缘植物（少有攀缘状)，不具无限生长的茎；叶一般为薄膜质，由一层细胞组成，无气孔；孢子囊近球形，无柄，具有斜生环带，生于柱状而往往突出于叶缘外的囊托上，包于管状、喇叭状或二瓣唇形的囊群苞内 ………………… **膜蕨科 Hymenophyllaceae**

18. 孢子囊群生于叶缘、缘内或叶背，从不如上述那样突出于叶缘之外。

20. 孢子囊群生于叶缘，囊群盖由叶边变成，向叶背反折，掩盖孢子囊群，因而是向内开（开向主脉)。

21. 孢子囊生于囊群盖下面的小脉上（少有生于脉间)；羽片或小羽片为半开式或扇形；叶脉为扇形多回二叉分枝 ………………………
…………………………………………………… 铁线蕨科 Adiantaceae

21. 孢子囊生于叶缘，囊群盖不具小脉；羽片或小羽片不为对开式或扇形；叶脉通常不为扇形二叉分枝。

22. 孢子囊沿生于叶缘的一条边脉上，形成一条汇合囊群；囊群盖连续不断；叶柄禾秆色，少为棕色 ………… **凤尾蕨科 Pteridaceae**

22. 孢子囊生于小脉顶端，幼时彼此分离，成熟时彼此往往接连成条形；囊群盖连续不断或为不同程度的断裂，有时几无盖；叶柄和叶轴一般为栗棕色或深褐色 ………… **中国蕨科 Sinopteridaceae**

20. 孢子囊群生于叶缘内，囊群盖自叶缘内生出并向外开（开向叶边)，或囊群生于离叶缘较远的叶背上。

23. 囊群盖生于叶缘内（至少内瓣)，位于小脉顶端，并开向叶边。

24. 囊群盖为内外两瓣的蚌壳形，革质；树状蕨；主轴圆柱状，短粗，不露出地面，密生黄金色的长软毛 …… **蚌壳蕨科 Dicksoniaceae**

24. 囊群盖为半碗形、杯形、管形、近圆肾形或横生长形，非革质；中小形的草本植物；根状茎细长横生，有鳞片或不同类型的毛。

25. 通常为附生（少为攀缘）植物；根状茎上有阔鳞片，叶柄（有时羽片）以关节着生 ……………………… **骨碎补科 Davalliaceae**

25. 通常为陆生植物；根状茎上有灰白色针状刚毛或红棕色钻状鳞毛（毛状的简单鳞片）。

26. 植株全体（包括根状茎）有灰白色针状刚毛；孢子囊群不融合，囊群盖碗形或近圆肾形，单生于小脉顶端…………………………………………………… **碗蕨科 Dennstaedtiaceae**

26. 植株仅根状茎上有红棕色钻状鳞毛，其余光滑；孢子囊群常融合成聚生囊群，囊群盖横生长形或少为杯形，通常联结多数小脉的顶端 ……………………………… **鳞始蕨科 Lindsaeaceae**

23. 孢子囊群生于叶背，远离叶边，如有囊群盖，则不同上述的形状，也不开向叶边。

27. 孢子囊群圆形、长形或条形，彼此分离（偶有汇合）；叶无能育和不育之分。

28. 孢子囊群圆形。

29. 孢子囊群有盖。

30. 囊群盖下位（生于孢子囊群的下面，幼时往往包着孢子囊群全部），球形、钵形、半球形或碟形（或有时简化成睫毛状）。

31. 树形蕨类，往往有圆柱状的直立地上茎；叶大形，多回羽状，生于茎的顶部；叶柄上的鳞片坚厚；囊群盖半球形，薄膜质，早消失；孢子囊长梨形，环带斜生；囊托凸出…………………………………………………… **桫椤科 Cyatheaceae**

31. 中小形草本植物；叶小，一回至三回羽状，生于根状茎上，鳞片膜质或纸质；孢子囊梨圆形，环带直立；囊托小，从不凸出。

32. 温带小形植物；叶狭小，披针形，一回羽状；囊群盖膜质，钵形、杯形、碟形或有时简化成睫毛状 ………………………………………………… **岩蕨科 Woodsiaceae**

32. 亚热带和热带中形植物；叶阔卵形，三至四回羽状；囊群盖为革质圆球形或膜半球形………… **球盖蕨科 Peranemaceae**

30. 囊群盖上位（平坦而盖于孢子囊群上面），盾形、圆肾形或少为鳞片形，基部略为压在成熟的孢子囊群之下（如冷蕨属 *cystopteris*）。

33. 囊群盖为圆肾形或盾形。

34. 单叶，披针形，全缘；叶柄有关节；叶脉分离；囊群盖肾形，靠近主脉着生 …………………… **条蕨科 Oleandraceae**

34. 一至四回羽状复叶；叶柄无关节（有时羽片以关节着生于叶轴）；叶脉分离或网状。

35. 叶一回羽状；羽片以关节着生于叶轴；叶脉分离。

36. 孢子囊群生于小脉顶端之下；囊群盖盾形；羽片基部下侧为耳形 ………………………… **鳞毛蕨科 Dryopteridaceae（拟贯众属 *Cyclopeltis*）**

36. 孢子囊群生于小脉顶端；囊群盖肾形；羽片基部下侧不为耳形 ……………………………… **骨碎补科 Davalliaceae（肾蕨属 *Nephrolepis*）**

35. 叶一至多回羽状；羽片不以关节着生于叶轴；叶脉分离或网状。

37. 植物体（尤其是羽轴上面）有淡灰色的针状刚毛，叶柄基部的鳞片上也往往有同样的毛；叶柄基部横断面有两条扁阔的维管束 ………………… **金星蕨科 Thelypteridaceae**

37. 植物体（至少在根状茎上）有阔鳞片，无上述的针状毛；叶柄基部横断面有多条小圆形的维管束。

38. 叶为草质或近纸质，干后褐绿色；羽片主脉上面隆起，通常有多细胞的棕色腊肠状软毛密生……………………………………………… **三叉蕨科 Aspidiaceae**

38. 叶为纸质，干后淡绿色；羽片主脉上面凹入，不具上述毛 ………………………… **鳞毛蕨科 Dryopteridaceae**

33. 囊群盖为鳞片形，基部略为压在成熟的孢子囊群之下………………………………………………………… **蹄盖蕨科 Athyriaceae（冷蕨属 *Cystopteris*，光叶蕨属 *Cystoathyrium*）**

29. 孢子囊群无盖。

39. 树形蕨类或地上主干往往不显著；叶大形，多回羽状（少有二回羽裂）；叶柄上有披针形深棕色坚厚鳞片；孢子囊长梨形，有斜生环带；囊托大而凸出 …………… **桫椤科 Cyatheaceae**

39. 植物体不同于上述；孢子囊近圆形；囊托小而不凸出。

40. 叶为二至多回的同位二叉分枝，下面通常灰白色；分叉处的腋间有一个休眠芽；孢子囊群由少数（2～10 个）孢子囊组成；环带水平横绕，从侧面纵裂 …… **里白科 Gleicheniaceae**

40. 叶为单叶或羽状分枝，少为扇形分裂；下面不为灰白色；孢子囊群由多数孢子囊组成；环带直立或斜生。

41. 叶柄基部以关节着生于根状茎上。

42. 叶卵状三角形，细裂，无星状毛；孢子囊群也无盾状夹丝覆盖 ……………………… **雨蕨科 Gymnogrammitidaceae**

42. 单叶，全缘，或一回羽状；有星状毛，或孢子囊群幼时有长柄的盾状夹丝覆盖 …………… **水龙骨科 Polypodiaceae**

41. 叶柄基部无关节。

43. 植物遍体或至少各回羽轴上面有针状毛。

44. 小形植物，单叶或一至三回羽状复叶，有红棕色（有时灰色）的刚毛；孢子囊群往往多少陷于叶肉内 ………………………………………… **禾叶蕨科 Grammitidaceae**

44. 中形植物，一至三回羽裂或羽状；有淡灰色刚毛；孢子囊群为叶表面生。

45. 根状茎和叶柄基部无鳞片；灰白色的毛为多细胞；孢子囊群生于小脉顶端，不变质的叶边常多少反折如假囊群盖 ……………………………… **姬蕨科 Hypolepidaceae**

45. 根状茎和叶柄基部多少有鳞片；灰白色的毛为单细胞（有时多细胞）；孢子囊群生于小脉背上，有真正的囊群盖或无盖 …………………… **金星蕨科 Thelypteridaceae**

43. 植物体不具上述的针状毛或有棕色腊肠形的多细胞软毛（特别在羽轴上面）。

46. 叶片上面或至少在各回隆起的小羽轴上面有棕色腊肠形的多细胞软毛密生…………………… **三叉蕨科 Aspidiaceae**

46. 无上述的毛或至多有腺毛；小羽轴上面凹入，通常并与羽轴（或叶轴）互通。

47. 叶为一至多回羽状；根状茎上的鳞片质薄；叶脉分离或偶有连接，但无内藏小脉 ……… **蹄盖蕨科 Athyriaceae**

47. 叶为扇形，多回二叉分裂；叶脉网状并有内藏小脉…… ……………………………… **双扇蕨科 Dipteridaceae**

28. 孢子囊群长形或条形。

48. 孢子囊群有盖，盖长形、条形或上端为钩形或马蹄形。

49. 孢子囊群生于主脉两侧的狭长网眼内，贴近主脉并与之并行；

囊群盖开向主脉；叶柄基部横断面有小圆形的维管束多条排成一个圆圈 ………………………………… **乌毛蕨科 Blechnaceae**

49. 孢子囊群生于主脉两侧的斜出分离脉上（少有在多角形网眼内）并与之斜交；囊群盖斜开向主脉；叶柄基部横断面有侧生扁阔的维管束二条。

50. 鳞片细胞为粗筛孔形，网眼大而透明；叶柄内的二条维管束向叶轴上部不汇合；囊群盖为长形或条形，常单独生于小脉向轴的一侧（少有生于离轴的一侧）…………………………………………………………………… **铁角蕨科 Aspleniaceae**

50. 鳞片细胞为窗格子形，网眼狭小而不透明；叶柄内二条维管束向叶轴上部汇合成 V 字形；囊群盖生于小脉的一侧或两侧，长形、条形或腊肠形，上端往往钩形或马蹄形……………………………………………… **蹄盖蕨科 Athyriaceae**

48. 孢子囊群无盖。

51. 孢子囊群沿小脉分布（如为网状脉，则沿网眼生）。

52. 单叶。

53. 叶的基部楔形，肉质，无毛；根状茎上的鳞片细胞为粗筛孔形；孢子囊群多少陷入叶肉内并有夹丝 …………………………………………………… **车前蕨科 Antrophyaceae**

53. 叶的基部戟形，草质，有毛或无毛；根状茎上的鳞片细胞不为粗筛孔形；孢子囊群不陷入叶肉内 ……………………………………………… **裸子蕨科 Gymnogrammaceae**
（泽泻蕨属 *Hemionitis*）

52. 叶羽状。

54. 叶遍体有灰白色针状毛（顶端往往呈钩形） ……………………………………… **金星蕨科 Thelypteridaceae**

54. 叶遍体不具同样的毛（或有疏柔毛或腺毛）。

55. 孢子囊有长柄，密集于小脉中部，成长形囊群；孢子两面形 ……………………………………… **蹄盖蕨科 Athyriaceae**
（角蕨属 *Cornopteris*）

55. 孢子囊具有短柄，疏生于小脉上，成狭条形；孢子四面形 ………………………………… **裸子蕨科 Gymnogrammaceae**

51. 孢子囊群不沿小脉分布。

56. 孢子囊群生于叶边或主脉之间，各成一条并与主脉并行，或生于叶边的夹缝内。

57. 单叶，狭披针形或条形。

58. 叶为禾草形，不以关节着生于根状茎上；孢子囊群生于叶下面或叶边的夹缝内，有带状或棍棒状夹丝…………………………………………………… **书带蕨科 Vittariaceae**

58. 叶不为禾草状，以关节着生于根状茎上；孢子囊群生于叶下面，有长柄的盾状夹丝或星状毛覆盖…………………………………………………… **水龙骨科 Polypodiaceae**

57. 一回羽状叶；羽片披针形 ………… **鳞始蕨科 Lindsaeaceae**
（竹叶蕨属 *Taenitis*）

56. 孢子囊群不和主脉并行而为斜交。

59. 叶柄基部以关节着生于根状茎上 ………………………………………………………… **水龙骨科 Polypodiaceae**

59. 叶柄基部不以关节着生于根状茎上。

60. 植物体形如苏铁，具有直立圆柱状的粗主轴，顶端簇生一回羽状叶 …………………………… **乌毛蕨科 Blechnaceae**
（苏铁蕨属 *Brainea*）

60. 植物体为一般的蕨类型，不具直立圆柱状的粗主轴，单叶，披针形 ………………………… **剑蕨科 Loxogrammaceae**

27. 孢子囊不聚生成圆形、长形或条形，而一开始就密布于能育叶的下面；叶有能育和不育之分。

61. 植物体形如莎草；叶狭长不分枝，无叶脉，顶端生有一簇狭条形的能育裂片；各裂片下面生有2～4列的孢子囊；孢子囊椭圆形，横生，顶端生环带，由此向另一端开裂 ………………………………………………………… **莎草蕨科 Schizaeaceae**

61. 植物体形和孢子囊完全不同上述。

62. 单叶，披针形（少为矩圆形）；叶脉分离，并行；能育叶和不育叶同形，略较狭 ……………………… **舌蕨科 Elaphoglossaceae**

62. 叶一回羽状，掌状指裂，如为单叶，则叶脉网状，能育叶和不育叶为显著二形。

63. 单叶，网脉，不育叶往往二叉浅裂；根状茎上密生锈黄色绢丝状长软毛 ……………………… **燕尾蕨科 Cheiropleuriaceae**

63. 叶为单叶、一回羽状或掌状指裂；根状茎上有鳞片。

64. 叶柄基部以关节着生于根状茎上；单叶或掌状指裂…………………………………………………… **水龙骨科 Polypodiaceae**

64. 叶柄基部不以关节着生于根状茎上；叶为一回羽状。

65. 根状茎横生，或为附生攀缘藤本；叶脉分离或形成少数大网眼。

66. 攀缘藤本，高可达10m左右；羽片以关节着生于叶轴。

67. 茎扁平，腹面生根，固着于树干上；羽片草质，全缘或略呈波状 ………………………… **藤蕨科 Lomariopsidaceae**

67. 茎圆棒形，不生根；羽片革质，边缘有软骨质硬齿 …… ………………………………… **乌毛蕨科 Blechnaceae**

66. 不为攀缘植物；羽片不以关节着生于叶轴………………… ………………………………… **藤蕨科 Lomariopsidaceae**

65. 根状茎直立；叶脉为复网状。

68. 海滩潮汐植物（偶有生于云南南部的淡水沟中）；叶革质；羽片无侧脉；网脉不具内藏小脉；孢子囊群有夹丝……… ………………………………… **卤蕨科 Acrostichaceae**

68. 山地林下植物；叶草质；羽片有明显侧脉；网脉内通常有内藏小脉；孢子囊群无夹丝 ……… **三叉蕨科 Aspidiaceae**

11. 孢子二型；水生植物，体形完全不同于一般蕨类。

69. 浅水生（或湿生）植物；根状茎细长横生；叶为田字形，由四片倒三角形的小叶组成，生于长柄的顶端；孢子果（荚）生于叶柄基部，包藏二至多数的孢子囊，其中大孢子囊和小孢子囊混生…… **苹科 Marsileaceae**

69. 水面漂浮植物，无真根或有短须根；单叶，全缘或为二深裂，无柄，二至三列（如为三列，则下面一列的叶细裂成根状，沉于水中）；孢子果（荚）生于茎的下面，包藏多数孢子囊，每果中仅生大孢子囊或小孢子囊。

70. 植物无真根；三叶轮生于细长茎上，上面二叶为矩圆形，漂于水面，下面一叶特化，细裂成须根状，悬垂水中，生孢子果（荚） …………… ……………………………………………………… **槐叶苹科 Salviniaceae**

70. 植物有丝线状的真根；叶微小如鳞片，二列互生，每叶有上下二裂片，上裂片漂浮水面，下裂片浸沉水中，生孢子果（荚） ………………… ………………………………………………………… **满江红科 Azollaceae**

附录Ⅳ　裸子植物分科检索表

1. 乔木或灌木，或呈棕榈状；叶针形、锥形、刺形、鳞形、条形、披针形、卵形、椭圆形或扇形单叶，或羽状复叶；花无假花被，胚珠无细长的珠被管，完全裸生或珠孔裸露；次生木质部无导管，具管胞，有或多或少的树脂。

2. 茎常不分枝；叶大型，羽状，集生于粗大的树干或分枝的顶端 ……………………………………………………………………………… **苏铁科** Cycadaceae

2. 茎或树干通常分枝；叶较小，单生，不集于树干的顶端。

3. 叶呈扇形，有多数二叉分枝的叶脉；落叶乔木 ……… **银杏科** Ginkgoaceae

3. 叶不为扇形，也不具二叉分枝的叶脉；常绿乔木或灌木，稀落叶。

4. 雌球花发育成球果状；种子无肉质假种皮。

5. 雌雄同株，稀异株；雄蕊具 2～9 背腹面排列的花粉囊；球果的种鳞腹（上）面下部或基部（稀种鳞之间）着生一至多粒种子。

6. 雌球花的珠鳞与苞鳞互相分离；每珠鳞有 2 颗胚珠；花粉具气囊 ……………………………………………………………………… **松科** Pinaceae

6. 雌球花的珠鳞与苞鳞互相半合生或完全合生；每珠鳞有一至多颗胚珠；花粉无气囊。

7. 种鳞与叶均螺旋状排列，少交互对生；每种鳞有 2～9 粒种子 ……………………………………………………………………… **杉科** Taxodiaceae

7. 种鳞与叶均对生或轮生；每种鳞有一至多粒种子……………………………………………………………………………………………… **柏科** Cupressaceae

5. 雌雄异株，稀同株；雄蕊具 4～20 个悬挂的花粉囊，花粉无气囊；球果的苞鳞（无种鳞）腹（上）面仅有 1 粒种子；种子与苞鳞合生或离生，两侧有翅或无翅；叶钻形、卵形或披针形，常绿性……………………………………………………………………………… **南洋杉科** Araucariaceae

4. 雌球花发育为单粒种子，不形成球果；种子有肉质假种皮。

8. 胚珠倒生或半倒生，1 或 2 个（稀多数）生于花梗上部或顶端的苞腋，被辐射对称或近辐射对称的囊状或杯状套被所包，有梗或无梗；雄蕊有 2 花粉囊，花粉有气囊；种子核果状，全部被肉质套被所包，着生于肉质或非肉质的总托上；或种子坚果状，生于杯状肉质或较薄而干的套被中，无肉质总托 ……………………………… **竹柏科** Podocarpaceae

8. 胚珠直立；雄蕊有 3～9 个花粉囊，花粉无气囊；种子核果状，2～8 个生于柄端，或 2 个成对生于苞腋，全部包于肉质假种皮中，或顶端尖头露出；或种子坚果状，单生叶腋或苞腋，包于杯状肉质假种皮中。

9. 雄蕊有 2 花药，花粉常具气囊；胚珠常倒生 ………………………………………………………………………… **罗汉松科** Podocarpaceae

9. 雄蕊有 3～9 花药，花粉无气囊；胚珠直立。

10. 雌球花具长梗；雄花数朵或多朵聚生成头状花序或穗状花序 ………………………………………………………………… **三尖杉科** Cephalotaxaceae

10. 雌球花无梗或近无梗；雄花单生在叶腋内……… **红豆杉科** Taxaceae

1. 木质藤本或丛生小灌木；花具假花被，胚珠的珠被顶端延伸成细长的珠被管；次生木质部具导管，无树脂。

11. 茎粗短，块状，有圆锥根深入地下，终生只有 1 对大型带状叶，长 2～3m，宽约 30cm ………………………………………… **百岁兰科** Welwitschiaceae

11. 无圆锥根生入地下，叶退化为膜质鞘状或椭圆形，革质，长 4～10cm，宽 2.5cm。

12. 丛生小灌木、半灌木或草本状；叶退化为膜质鞘状，下部合生，上部 2～3 裂；球花近圆球形，具 1 对交互对生或轮生的苞片；雌球花仅最上端 1～3枚苞片腋部生有雌花，胚珠具 1 层珠被；雄球花每一苞片的腹面生 1 雄花，雄花具 2～8 枚花丝合生成 1～2 束雄蕊；种子坚果状 ……………………………………………………………… **麻黄科** Ephedraceae

12. 木质藤本；叶宽大似双子叶植物之叶，具羽状侧脉与网状细脉，对生，有柄；球花排成穗状，总苞浅杯状，多轮排列于花序轴上；雌球花序每轮总苞有雌花 3～12，排成 1 轮，胚珠有 2 层珠被；雄球花序每轮总苞有多数雄花，排成 2～4 轮，雄花具 1～2 枚花丝合生的雄蕊；种子核果状 ……………………………………………………………… **买麻藤科** Gnetaceae

附录Ⅴ　被子植物分科检索表

1. 子叶 2 个，极稀可为 1 个或较多；茎具中央髓部；多年生木本植物且有年轮；叶片常具网状脉；花常为 5 出或 4 出数。
2. 花无真正的花冠（花被片逐渐变化，呈复瓦状排列成 2 至数层，也可在此检查）；有或无花萼，有时且可类似花冠。
3. 花单性，雌雄同株或异株，其中雄花，或雌花和雄花均可成柔荑花序或类似柔荑状的花序。
4. 无花萼，或在雄花中存在。
5. 雌花以花梗着生于椭圆形膜质苞片的中脉上；心皮 1 ……………………………………………………………………………… **漆树科** Anacardiaceae
（九子不离母属 *Dobinea*）
5. 雌花情形非如上述；心皮 2 或更多数。
6. 多为木质藤本；叶为全缘单叶，具掌状脉；果实为浆果 ……………………………………………………………………………… **胡椒科** Piperaceae
6. 乔木或灌木；叶可呈各种形式，但常为羽状脉；果实不为浆果。
7. 旱生性植物，有具节的分枝和极退化的叶片，后者在每节上且连合成为具齿的鞘状物 ……………………………… **木麻黄科** Casuarinaceae
（木麻黄属 *Casuarina*）
7. 植物体为其他情形者。
8. 果实为具多数种子的蒴果；种子有丝状毛茸 …… **杨柳科** Salicaceae
8. 果实为仅具 1 种子的小坚果、核果或核果状的坚果。
9. 叶为羽状复叶；雄花有花被……………………… **胡桃科** Juglandaceae
9. 叶为单叶（有时在杨梅科中可为羽状分裂）。
10. 果实为肉质核果；雄花无花被 ……………… **杨梅科** Myricaceae
10. 果实为小坚果；雄花有花被……………………… **桦木科** Betulaceae
4. 有花萼，或在雄花中不存在。
11. 子房下位。
12. 叶对生，叶柄基部互相连合 ………………… **金粟兰科** Chloranthaceae
12. 叶互生
13. 叶为羽状复叶 ……………………………………… **胡桃科** Juglandaceae
13. 叶为单叶
14. 果实为蒴果 …………………………………… **金缕梅科** Hamamelidaceae
14. 果实为坚果。

15. 坚果封藏于一变大呈叶状的总苞中 …………… **桦木科 Betulaceae**

15. 坚果有一壳斗下托，或封藏在一多刺的果壳中 ……………………………………………………………………………… **山毛榉科 Fagaceae**

11. 子房上位。

16. 植物体中具白色乳汁。

17. 子房1室；葚果 ……………………………………… **桑科 Moraceae**

17. 子房2～3室；蒴果 ……………………………… **大戟科 Euphorbiaceae**

16. 植物体中无乳汁，或在大戟科的重阳木属*Bischofia*中具红色汁液。

18. 子房为单心皮所成；雄蕊的花丝在花蕾中向内屈曲 ……………………………………………………………… **荨麻科 Urticaceae**

18. 子房为2枚以上的连合心皮所组成；雄蕊的花丝在花蕾中常直立（在大戟科的重阳木属 *Bischofia* 及巴豆属*Croton* 中则向前屈曲）。

19. 果实为3个（稀可2～4个）离果所成的蒴果；雄蕊10至多数，有时少于10 ……………………………………… **大戟科 Euphorbiaceae**

19. 果实为其他情形；雄蕊少数至数个（大戟科的黄桐树属 *Endospermum* 为6～10个），或和花萼裂片同数且对生。

20. 雌雄同株的乔木或灌木。

21. 子房2室；蒴果 ……………………… **金缕梅科 Hamamelidaceae**

21. 子房1室；坚果或核果 ………………………… **榆科 Ulmaceae**

20. 雌雄异株的植物。

22. 草本或草质藤木；叶为掌状分裂或为掌状复叶…………………………………………………………………… **桑科 Moraceae**

22. 乔木或灌木；叶全缘，或在重阳木属为3小叶所成的复叶……………………………………………………… **大戟科 Euphorbiaceae**

3. 花两性或单性，但并不成为葇荑花序

23. 子房或子房室内有数个至多数胚珠。

24. 寄生性草本，无绿色叶片 ……………………… **大花草科 Rafflesiaceae**

24. 非寄生性植物，有正常绿叶，或叶退化而以绿色茎代行叶的功用。

25. 子房下位或部分下位。

26. 雌雄同株或异株，如为两性花时，则成肉质穗状花序。

27. 草本。

28. 植物体含多量液汁；单叶常不对称 ……… **秋海棠科 Begoniaceae**
（秋海棠属 *Begonia*）

28. 植物体不含多量液汁；羽状复叶…………… **四数木科 Datiscaceae**
（野麻属 *Datisca*）

27. 木本。

29. 花两性，成肉质穗状花序；叶全缘 ………………………………………………………………………………… **金缕梅科** Hamamelidaceae（**假马蹄荷属** *Chunia*）

29. 花单性，成穗状、总状或头状花序；叶缘有锯齿或具裂片。

30. 花成穗状或总状花序；子房1室 ………… **四数木科** Datiscaceae（**四数木属** *Tetrameles*）

30. 花成头状花序；子房2室 …………… **金缕梅科** Hamamelidaceae（**枫香树亚科** Liquidambaroideae）

26. 花两性，但不成肉质穗状花序。

31. 子房1室。

32. 无花被；雄蕊着生在子房上 ……………… **三白草科** Saururaceae

32. 有花被；雄蕊着生在花被上。

33. 茎肥厚，绿色，常具棘针；叶常退化；花被片和雄蕊都多数；浆果 ………………………………………… **仙人掌科** Cactaceae

33. 茎不成上述形状；叶正常；花被片和雄蕊皆为五出或四出数，或雄蕊数为前者的2倍；蒴果 …………… **虎耳草科** Saxifragaceae

31. 子房4室或更多室。

34. 乔木；雄蕊为不定数 ……………………… **海桑科** Sonneratiaceae

34. 草本或灌木。

35. 雄蕊4 ……………………………………… **柳叶菜科** Onagraceae（**丁香蓼属** *Ludwigia*）

35. 雄蕊6或12 ……………………………… **马兜铃科** Aristolochiaceae

25. 子房上位

36. 雌蕊或子房2个，或更多数。

37. 草本。

38. 复叶或多少有些分裂，稀可为单叶（如驴蹄草属 *Caltha*），全缘或具齿裂；心皮多数至少数 …………………… **毛茛科** Ranunculaceae

38. 单叶，叶缘有锯齿；心皮和花萼裂片同数 ………………………………………………………………………………… **虎耳草科** Saxifragaceae（**扯根菜属** *Penthorum*）

37. 木本。

39. 花的各部为整齐的三出数 ………………… **木通科** Lardizabalaceae

39. 花为其他情形。

40. 雄蕊数个至多数，连合成单体 …………… **梧桐科** Sterculiaceae
(**苹婆族** *Sterculieae*)

40. 雄蕊多数，离生。

41. 花两性；无花被 …………………… **昆栏树科** Trochodendraceae
(**昆栏树属** *Trochodendron*)

41. 花雌雄异株，具 4 个小形萼片 …… **连香树科** Cercidiphyllaceae
(**连香树属** *Cercidiphyllum*)

36. 雌蕊或子房单独 1 个。

42. 雄蕊周位，即着生于萼筒或杯状花托上。

43. 有不育雄蕊；且和 8～12 能育雄蕊互生 ………………………………………………………………………… **大风子科** Flacourtiaceae
(**山羊角树属** *Casearia*)

43. 无不育雄蕊。

44. 多汁草本植物；花萼裂片呈覆瓦状排列，成花瓣状，宿存；蒴果盖裂 ………………………………………… **番杏科** Aizoaceae
(**海马齿属** *Sesuvium*)

44. 植物体为其他情形；花萼裂片不成花瓣状。

45. 叶为双数羽状复叶，互生；花萼裂片呈覆瓦状排列；果实为荚果；常绿乔木 ……………………………… **豆科** Leguminosae
(**云实亚科** Caesalpinoideae)

45. 叶为对生或轮生单叶；花萼裂片呈镊合状排列；非荚果。

46. 雄蕊为不定数；子房 10 室或更多室；果实浆状 ……………………………………………… **海桑科** Sonneratiaceae

46. 雄蕊 4～12（不超过花萼裂片的 2 倍）；子房 1 室至数室；果实蒴果状。

47. 花杂性或雌雄异株，微小，成穗状花序，再成总状或圆锥状排列 ……………………………………… **隐翼科** Crypteroniaceae
(**隐翼属** *Crypteronia*)

47. 花两性，中型，单生至排列成圆锥花序 ……………………………………………… **千屈菜科** Lythraceae

42. 雄蕊下位，即着生于扁平或凸起的花托上。

48. 木本；叶为单叶。

49. 乔木或灌木；雄蕊常多数，离生；胚珠生于侧膜胎座或隔膜上 ………………………………………… **大风子科** Flacourtiaceae

49. 木质藤本；雄蕊 4 或 5，基部连合成杯状或环状；胚珠基生（位

于子房室的基底）…………………………**苋科 Amaranthaceae**
（浆果苋属 *Deeringia*）

48. 草本或亚灌木。

50. 植物体沉没水中，常为一具背腹面呈原叶体状的构造，像藓……………………………………………………**河苔草科 Podostemaceae**

50. 植物体非如上述情形。

51. 子房 3～5 室。

52. 食虫植物；叶互生；雌雄异株 ………**猪笼草科 Nepenthaceae**
（猪笼草属 *Nepenthes*）

52. 非为食虫植物；叶对生或轮生；花两性 ……**番杏科 Aizoacae**
（粟米草属 *Mollugo*）

51. 子房 1～2 室。

53. 叶为复叶或多少有些分裂 ………………**毛茛科 Ranunculaceae**

53. 叶为单叶。

54. 侧膜胎座。

55. 花无花被 ……………………………**三白草科 Saururaceae**

55. 花具 4 离生萼片 ……………………**十字花科 Cruciferae**

54. 特立中央胎座。

56. 花序呈穗状、头状或圆锥状；萼片多少为干膜质……………………………………………………**苋科 Amaranthaceae**

56. 花序呈聚伞状；萼片草质 …………**石竹科 Caryophyllaceae**

23. 子房或其子房室内仅有 1 至数个胚珠。

57. 叶片中常有透明微点。

58. 叶为羽状复叶 ………………………………………**芸香科 Rutaceae**

58. 叶为单叶，全缘或有锯齿。

59. 草本植物或有时在金粟兰科为木本植物；花无花被，常成简单或复合的穗状花序，但在胡椒科齐头绒属 *Zippelia* 则成疏松总状花序。

60. 子房下位，仅 1 室有 1 胚珠；叶对生，叶柄在基部连合……………………………………………………**金粟兰科 Chloranthaceae**

60. 子房上位；叶如为对生时，叶柄也不在基部连合。

61. 雌蕊由 3～6 近于离生心皮组成，每心皮各有 2～4 胚珠 …………………………………………………**三白草科 Saururaceae**
（三白草属 *Saururus*）

61. 雌蕊由 1～4 合生心皮组成，仅 1 室，有 1 胚珠………………

………………………………………………………… **胡椒科 Piperaceae**

(齐头绒属 *Zippelia*，豆瓣绿属 *Peperomia*)

59. 乔木或灌木；花具1层花被；花序有各种类型，但不为穗状。

62. 花萼裂片常3片，呈镊合状排列；子房为1心皮所成，成熟时肉质，常以2瓣裂开；雌雄异株 ………………… **肉豆蔻科 Myristicaceae**

62. 花萼裂片4～6片，呈覆瓦状排列；子房为2～4合生心皮所成。

63. 花两性；果实仅1室，蒴果状，2～3瓣裂开 ……………………………………………………………………… **大风子科 Flacourtiaceae**

(山羊角树属 *Casearia*)

63. 花单性，雌雄异株；果实2～4室，肉质或革质，很晚才裂开……………………………………………………………… **大戟科 Euphorbiaceae**

(白树属 *Gelonium*)

57. 叶片中无透明微点。

64. 雄蕊连为单体，至少在雄花中有这现象，花丝互相连合成筒状或成一中柱。

65. 肉质寄生草本植物，具退化呈鳞片状的叶片，无叶绿素 ………………………………………………………… **蛇菰科 Balanophoraceae**

65. 植物体非为寄生性，有绿叶。

66. 雌雄同株，雄花成球形头状花序，雌花以2个同生于1个有2室而具钩状芒刺的果壳中 ……………………………… **菊科 Compositae**

(苍耳属 *Xanthium*)

66. 花两性，如为单性时，雄花及雌花也无一上述情形。

67. 草本植物；花两性。

68. 叶互生 ………………………………………… **藜科 Chenopodiaceae**

68. 叶对生。

69. 花显著，有连合成花萼状的总苞 …… **紫茉莉科 Nyctaginaceae**

69. 花微小，无上述情形的总苞 ……………… **苋科 Amaranthaceae**

67. 乔木或灌木，稀可为草本；花单性或杂性；叶互生。

70. 萼片呈覆瓦状排列，至少在雄花中如此……………………………………………………………………… **大戟科 Euphorbiaceae**

70. 萼片呈镊合状排列。

71. 雌雄异株；花萼常具3裂片；雌蕊为1心皮所成，成熟时肉质，且常以2瓣裂开 ………………… **肉豆蔻科 Myristicaceae**

71. 花单性或雄花和两性花同株；花萼具4～5裂片或裂齿；雌蕊为3～6近于离生的心皮所成，各心皮于成熟时为革质或木质，呈

蓇葖果状而不裂开 ………………………… **梧桐科 Sterculiaceae**

（苹婆族 Sterculieae）

64. 雄蕊各自分离，有时仅为 1 个，或花丝成为分枝的簇丛（如大戟科的蓖麻属 *Ricinus*）。

72. 每花有雌蕊 2 至多数，近于或完全离生；或花的界限不明显时，则雌蕊多数，成 1 球形头状花序。

73. 花托下陷，呈杯状或坛状。

74. 灌木；叶对生；花被片在坛状花托的外侧排列成数层 ……………………………………………………………… **蜡梅科 Calycanthaceae**

74. 草本或灌木；叶互生；花被片在杯状或坛状花托的边缘排列成一轮 ……………………………………………………………… **蔷薇科 Rosaceae**

73. 花托扁平或隆起，有时可延长。

75. 乔木、灌木或木质藤本。

76. 花有花被 ……………………………………… **木兰科 Magnoliaceae**

76. 花无花被。

77. 落叶灌木或小乔木；叶卵形，具羽状脉和锯齿缘；无托叶；花两性或杂性，在叶腋中丛生；翅果无毛，有柄 ……………………………………………… **昆栏树科 Trochodendraceae**

（领春木属 *Euptelea*）

77. 落叶乔木，叶广阔，掌状分裂，叶缘有缺刻或大锯齿；有托叶围茎成鞘，易脱落；花单性，雌雄同株，分别聚成球形头状花序；小坚果，围以长柔毛而无柄……………… **悬铃木科 Platanaceae**

（悬铃木属 *Platanus*）

75. 草木或稀为亚灌木，有时为攀缘性。

78. 胚珠倒生或直生。

79. 叶片多少有些分裂或为复叶；无托叶或极微小；有花被（花萼）；胚珠倒生；花单生或成各种类型的花序 ……………………………………………………………… **毛茛科 Ranunculaceae**

79. 叶为全缘单叶；有托叶；无花被；胚珠直生；花成穗形总状花序 ……………………………………………… **三白草科 Saururaceae**

78. 胚珠常弯生，叶为全缘单叶。

80. 直立草本；叶互生，非肉质 …………… **商陆科 Phytolaccaceae**

80. 平卧草本；叶对生或近轮生，肉质 ………… **番杏科 Aizoaceae**

（针晶粟草属 *Gisekia*）

72. 每花仅有 1 个复合或单雌蕊，心皮有时于成熟后各自分离。

81. 子房下位或半下位。

82. 草本。

83. 水生或小形沼泽植物。

84. 花柱 2 个或更多；叶片（尤其沉没水中的）常成羽状细裂或为复叶 ………………………………… **小二仙草科** Haloragidaceae

84. 花柱 1 个；叶为线形全缘单叶 ……… **杉叶藻科** Hippuridaceae

83. 陆生草本。

85. 寄生性肉质草本，无绿叶。

86. 花单性，雌花常无花被；无珠被及种皮………………………………………………………… **蛇菰科** Balanophoraceae

86. 花杂性，有一层花被，两性花有 1 雄蕊；有珠被及种皮………………………………………………………… **锁阳科** Cynomoriaceae

（锁阳属 *Cynomorium*）

85. 非寄生性植物，或于百蕊草属 *Thesium* 为半寄生性，但均有绿叶。

87. 叶对生，其形宽广而有锯齿缘 …… **金粟兰科** Chloranthaceae

87. 叶互生。

88. 平铺草本（限于我国植物），叶片宽，三角形，多少有些肉质………………………………………………… **番杏科** Aizoaceae

（番杏属 *Tetragonia*）

88. 直立草本，叶片窄而细长………………… **檀香科** Santalaceae

（百蕊草属 *Thesium*）

82. 灌木或乔木。

89. 子房 3～10 室。

90. 坚果 1～2 个，同生在一个木质且可裂为 4 瓣的壳斗里…………………………………………………………… **壳斗科** Fagaceae

（水青冈属 *Fagus*）

90. 核果，并不生在壳斗里。

91. 雌雄异株，成顶生的圆锥花序，后者并不为叶状苞片所托……………………………………………………… **山茱萸科** Cornaceae

（鞘柄木属 *Torricellia*）

91. 花杂性，形成球形的头状花序，后者为 2～3 白色叶状苞片所托……………………………………………………… **珙桐科** Nyssaceae

（珙桐属 *Davidia*）

89. 子房 1 或 2 室，或在铁青树科的青皮木属 *Schoepfia* 中，子房的基部可为 3 室。

92. 花柱 2 个。

93. 蒴果，2 瓣裂开 …………………… **金缕梅科 Hamamelidaceae**

93. 果实呈核果状，或为蒴果状的瘦果，不裂开…………………………………………………………………………… **鼠李科 Rhamnaceae**

92. 花柱 1 个或无花柱。

94. 叶片下面多少有些具皮屑状或鳞片状的附属物………………………………………………………………… **胡颓子科 Elaeagnacea**

94. 叶片下面无皮屑状或鳞片状的附属物。

95. 叶缘有锯齿或圆锯齿，稀可在荨麻科的紫麻属 *Oreocnide* 中有全缘者。

96. 叶对生，具羽状脉；雄花裸露，有雄蕊 1～3 个 …………………………………………………… **金粟兰科 Chloranthaceae**

96. 叶互生，大都于叶基具三出脉；雄花具花被及雄蕊 4 个（稀可 3 或 5 个）………………………………… **荨麻科 Urticaceae**

95. 叶全缘，互生或对生。

97. 植物体寄生在乔木的树干或枝条上；果实呈浆果状…………………………………………………… **桑寄生科 Loranthaceae**

97. 植物体大都陆生，或有时可为寄生性；果实呈坚果状或核果状，胚珠 1～5 个。

98. 花多为单性；胚珠垂悬于基底胎座上 ………………………………………………………………… **檀香科 Santalaceae**

98. 花两性或单性；胚珠垂悬于子房室的顶端或中央胎座的顶端。

99. 雄蕊 10 个，为花萼裂片的 2 倍 ………………………………………………………… **使君子科 Combretaceae**
（诃子属 *Terminalia*）

99. 雄蕊 4 或 5 个，和花萼裂片同数且对生………………………………………………………… **铁青树科 Olacaceae**

81. 子房上位，如有花萼时，和它相分离，或在紫茉莉科及胡颓子科中，当果实成熟时，子房为宿存萼筒所包围。

100. 托叶鞘围抱茎的各节；草本，稀可为灌木 … **蓼科 Polygonaceae**

100. 无托叶鞘，在悬铃木科有托叶鞘但易脱落。

101. 草本，或有时在藜科及紫茉莉科中为亚灌木。

102. 无花被。

103. 花两性或单性；子房1室，内仅有1个基生胚珠。

104. 叶基生，由3小叶而成；穗状花序在一个细长基生无叶的花梗上 …………………………………… **小檗科 Berberidaceae**
（裸花草属 *Achlys*）

104. 叶茎生，单叶；穗状花序顶生或腋生，但常和叶相对生…… …………………………………………… **胡椒科 Piperaceae**
（胡椒属 *Piper*）

103. 花单性；子房3或2室。

105. 水生或微小的沼泽植物，无乳汁；子房2室，每室内含2个胚珠 …………………………………… **水马齿科 Callitrichaceae**
（水马齿属 *Callitriche*）

105. 陆生植物；有乳汁；子房3室，每室内仅含1个胚珠……… …………………………………………… **大戟科 Euphorbiaceae**

102. 有花被，当花为单性时，雄花特别是如此。

106. 花萼呈花瓣状，且呈管状。

107. 花有总苞，有时这总苞类似花萼……………………………… …………………………………………… **紫茉莉科 Nyctaginaceae**

107. 花无总苞。

108. 胚珠1个，在子房的近顶端处 …… **瑞香科 Thymelaeaceae**

108. 胚珠多数，生在特立中央胎座上 … **报春花科 Primulaceae**
（海乳草属 *Glaux*）

106. 花萼非如上述情形。

109. 雄蕊周位，即位于花被上。

110. 叶互生，羽状复叶而有草质的托叶；花无膜质苞片，瘦果 …………………………………………… **蔷薇科 Rosaceae**
（地榆族 Sanguisorbieae）

110. 叶对生，或在蓼科的冰岛蓼属 *Koenigia* 为互生，单叶无草质托叶；花有膜质苞片。

111. 花被片和雄蕊各为5或4个，对生；囊果；托叶膜质…… ………………………………………… **石竹科 Caryophyllaceae**

111. 花被片和雄蕊各为3个，互生；坚果；无托叶………… …………………………………………… **蓼科 Polygonaceae**
（冰岛蓼属 *Koenigia*）

109. 雄蕊下位，即位于子房下。

112. 花柱或其分枝为2或数个，内侧常为柱头面。

113. 子房常为数个至多数心皮连合而成……………………………………………………………………………**商陆科 Phytolaccaceae**

113. 子房常为 2 或 3（或 5）心皮连合而成。

114. 子房 3 室，稀可 2 或 4 室 ………**大戟科 Euphorbiaceae**

114. 子房 1 或 2 室。

115. 叶为掌状复叶或具掌状脉而有宿存托叶 …………………………………………………………………**桑科 Moraceae**

（大麻亚科 Cannaboideae）

115. 叶具羽状脉，或稀可为掌状脉而无托叶，也可在藜科中叶退化成鳞片或为肉质而形如圆筒。

116. 花有草质而带绿色或灰绿色的花被及苞片 ……………………………………………………**藜科 Chenopodiaceae**

116. 花有干膜质而常有色泽的花被及苞片 ……………………………………………………………**苋科 Amaranthaceae**

112. 花柱 1 个，常顶端有柱头，也可无花柱。

117. 花两性。

118. 雌蕊为单心皮；花萼由 2 膜质且宿存的萼片而成；雄蕊 2 个 ………………………………**毛茛科 Ranunculaceae**

（星叶草属 *Circaeaster*）

118. 雌蕊由 2 合生心皮而成。

119. 萼片 2 片；雄蕊多数 ……………**罂粟科 Papaveraceae**

（博落回属 *Macleaya*）

119. 萼片 4 片；雄蕊 2 或 4 ……………**十字花科 Cruciferae**

（独行菜属 *Lepidium*）

117. 花单性。

120. 沉没于淡水中的水生植物；叶细裂成丝状 ………………………………………………**金鱼藻科 Ceratophyllaceae**

（金鱼藻属 *Ceratophyllum*）

120. 陆生植物；叶为其他情形。

121. 叶含多量水分；托叶连接叶柄的基部；雄花的花被 2 片；雄蕊多数 …………**假牛繁缕科 Theligonaceae**

（假牛繁缕属 *Theligonum*）

121. 叶不含多量水分；如有托叶时，也不连接叶柄的基部；雄花的花被片和雄蕊均各为 4 或 5 个，二者相对生 ………………………………………**荨麻科 Urticaceae**

101. 木本植物或亚灌木。

122. 耐寒旱性的灌木，或在藜科的琐琐属 *Haloxylon* 为乔木；叶微小，细长或呈鳞片状，也可有时（如藜科）为肉质而成圆筒形或半圆筒形。

123. 雌雄异株或花杂性；花萼为三出数，萼片微呈花瓣状，和雄蕊同数且互生；花柱 1，极短，常有 6～9 放射状且有齿裂的柱头；核果；胚体劲直；常绿而基部偃卧的灌木；叶互生，无托叶 ………………………………………… **岩高兰科 Empetraceae**

（岩高兰属 *Empetrum*）

123. 花两性或单性，花萼为五出数，稀可三出或四出数，萼片或花萼裂片草质或革质，和雄蕊同数且对生，或在藜科中雄蕊由于退化而数较少，甚或 1 个；花柱或花柱分枝 2 或 3 个，内侧常为柱头面；胞果或坚果；胚体弯曲如环或弯曲成螺旋形。

124. 花无膜质苞片；雄蕊下位；叶互生或对生；无托叶；枝条常具关节 ………………………………………… **藜科 Chenopodiaceae**

124. 花有膜质苞片；雄蕊周位；叶对生，基部常互相连合；有膜质托叶；枝条不具关节 …………… **石竹科 Caryophyllaceae**

122. 不是上述的植物；叶片矩圆形或披针形，或宽广至圆形。

125. 果实及子房均为 2 至数室，或在大风子科中为不完全的 2 至数室。

126. 花常为两性。

127. 萼片 4 或 5 片，稀可 3 片，呈覆瓦状排列。

128. 雄蕊 4 个；4 室的蒴果………………… **木兰科 Magnoliaceae**

（水青树属 *Tetracentron*）

128. 雄蕊多数，浆果状的核果 ………… **大戟科 Euphorbiaceae**

127. 萼片多 5 片，呈镊合状排列。

129. 雄蕊为不定数；具刺的蒴果……… **杜英科 Elaeocarpaceae**

（猴欢喜属 *Sloanea*）

129. 雄蕊和萼片同数；核果或坚果。

130. 雄蕊和萼片对生，各为 3～6 ……… **铁青树科 Olacaceae**

130. 雄蕊和萼片互生，各为 4 或 5 …… **鼠李科 Rhamnaceae**

126. 花单性（雌雄同株或异株）或杂性。

131. 果实各种；种子无胚乳或有少量胚乳。

132. 雄蕊常 8 个；果实坚果状或为有翅的蒴果；羽状复叶或单叶 ………………………………………… **无患子科 Sapindaceae**

132. 雄蕊 5 或 4 个，且和萼片互生；核果有 2～4 个小核；单叶 ………………………………………… **鼠李科 Rhamnaceae**
（鼠李属 *Rhamnus*）

131. 果实多呈蒴果状，无翅；种子常有胚乳。

133. 果实为具 2 室的蒴果，有木质或革质的外种皮及角质的内果皮 …………………………… **金缕梅科 Hamamelidaceae**

133. 果实纵为蒴果时，也不像上述情形。

134. 胚珠具腹脊；果实有各种类型，但多为胞间裂开的蒴果 ………………………………… **大戟科 Euphorbiaceae**

134. 胚珠具背脊；果实为胞背裂开的蒴果，或有时呈核果状 ………………………………………… **黄杨科 Buxaceae**

125. 果实及子房均为 1 或 2 室，稀可在无患子科的荔枝属 *Litchi* 及韶子属 *Nephelium* 中为 3 室，或在卫矛科的十齿花属 *Dipentodon* 及铁青树科的铁青树属 *Olax* 中，子房的下部为 3 室，而上部为 1 室。

135. 花萼具显著的萼筒，且常呈花瓣状。

136. 叶无毛或下面有柔毛；萼筒整个脱落……………………………………………………………… **瑞香科 Thymelaeaceae**

136. 叶下面具银白色或棕色的鳞片；萼筒或其下部永久宿存，当果实成熟时，变为肉质而紧密包着子房…………………………………………………… **胡颓子科 Elaeagnaceae**

135. 花萼不像上述情形，或无花被。

137. 花药以 2 或 4 舌瓣裂开 ……………………… **樟科 Lauraceae**

137. 花药不以舌瓣裂开。

138. 叶对生。

139. 果实为有双翅或呈圆形的翅果 ………… **槭树科 Aceraceae**

139. 果实为有单翅而呈细长形兼矩圆形的翅果…………………………………………………… **木犀科 Oleaceae**

138. 叶互生。

140. 叶为羽状复叶。

141. 叶为二回羽状复叶，或退化仅具叶状柄（特称为叶状叶柄 *phyllodia*） ………………………… **豆科 Leguminosae**
（金合欢属 *Acacia*）

141. 叶为一回羽状复叶。

142. 小叶边缘有锯齿；果实有翅……………………………

…………………………………… **马尾树科** Rhoipteleaceae

（马尾树属 ***Rhoiptelea*）**

142. 小叶全缘；果实无翅。

143. 花两性或杂性 ………………… **无患子科** Sapindaceae

143. 雌雄异株 …………………… **漆树科** Anacardiaceae

（黄连木属 ***Pistacia*）**

140. 叶为单叶。

144. 花均无花被。

145. 多为木质藤本；叶全缘；花两性或杂性，成紧密的穗状花序…………………………………… **胡椒科** Piperaceae

（胡椒属 ***Piper*）**

145. 乔木；叶缘有锯齿或缺刻；花单性。

146. 叶宽广，具掌状脉及掌状分裂，叶缘具缺刻或大锯齿；有托叶，围茎成鞘，但易脱落；雌雄同株，雌花和雄花分别成球形的头状花序；雌蕊为单心皮而成；小坚果为倒圆锥形而有棱角，无翅也无梗，但围以长柔毛 ……

………………………………… **悬铃木科** Platanaceae

（悬铃木属 ***Platanus*）**

146. 叶椭圆形至卵形，具羽状脉及锯齿缘；无托叶；雌雄异株，雄花聚成疏松有苞片的簇丛，雌花单生于苞片的腋内；雌蕊为2心皮而成；小坚果扁平，具翅且有柄，但无毛 ………………………… **杜仲科** Eucommiaceae

（杜仲属 ***Eucommia*）**

144. 花常有花萼，尤其在雄花。

147. 植物体内有乳汁 ………………………… **桑科** Moraceae

147. 植物体内无乳汁。

148. 花柱或其分枝2或数个，但在大戟科的核实树属*Drypetes*中则柱头几无柄，呈盾状或肾脏形。

149. 雌雄异株或有时为同株；叶全缘或具波状齿。

150. 矮小灌木或亚灌木；果实干燥，包藏于具有长柔毛而互相连合成双角状的2苞片中；胚体弯曲如环 ……

………………………… **藜科** Chenopodiaceae

（优若藜属 ***Eurotia*）**

150. 乔木或灌木；果实呈核果状，常为1室含1种子，不包藏于苞片内；胚体劲直 … **大戟科** Euphorbiaceae

149. 花两性或单性；叶缘多有锯齿或具齿裂，稀可全缘。

151. 雄蕊多数 …………………… **大风子科 Flacourtiaceae**

151. 雄蕊 10 个或较少。

152. 子房 2 室，每室有 1 个至数个胚珠；果实为木质蒴果 ……………………… **金缕梅科 Hamamelidaceae**

152. 子房 1 室，仅含 1 胚珠；果实不是本质蒴果……………………………………………… **榆科 Ulmaceae**

148. 花柱 1 个，也可有时（如荨麻属）不存，而柱头呈画笔状。

153. 叶缘有锯齿；子房为 1 心皮而成。

154. 花两性 ………………………… **山龙眼科 Proteaceae**

154. 雌雄异株或同株。

155. 花生于当年新枝上；雄蕊多数 … **蔷薇科 Rosaceae（假稠李属 *Maddenia*）**

155. 花生于老枝上；雄蕊和萼片同数…………………………………………………… **荨麻科 Urticaceae**

153. 叶全缘或边缘有锯齿；子房为 2 个以上连合心皮所成。

156. 果实呈核果状或坚果状，内有 1 种子；无托叶。

157. 子房具 2 或 2 个胚珠；果实于成熟后由萼筒包围 ………………………………… **铁青树科 Olacaceae**

157. 子房仅具 1 个胚珠；果实和花萼相分离，或仅果实基部由花萼衬托之 …………… **山柚子科 Opiliaceae**

156. 果实呈蒴果状或浆果状，内含数个至 1 个种子。

158. 花下位，雌雄异株，稀可杂性，雄蕊多数；果实呈浆果状；无托叶 ………… **大风子科 Flacourtiaceae（柞木属 *Xylosma*）**

158. 花周位，两性；雄蕊 5～12 个；果实呈蒴果状；有托叶，但易脱落。

159. 花为腋生的簇丛或头状花序；萼片 4～6 片………………………………… **大风子科 Flacourtiaceae（山羊角树属 *Carrierea*）**

159. 花为腋生的伞形花序；萼片 10～14 片……………………………………………… **卫矛科 Celastraceae（十齿花属 *Dipentodon*）**

2. 花具花萼也具花冠，或有两层以上的花被片，有时花冠可为蜜腺叶所代替。

160. 花冠常为离生的花瓣所组成。

161. 成熟雄蕊（或单体雄蕊的花药）多在 10 个以上，通常多数，或其数超过花瓣的 2 倍。

162. 花萼和 1 个或更多的雌蕊多少有些互相愈合，即子房下位或半下位。

163. 水生草本植物；子房多室 ………………… **睡莲科 Nymphaeaceae**

163. 陆生植物；子房 1 至数室，心皮也可为 1 至数个，或在海桑科中为多室。

164. 植物体具肥厚的肉质茎，多有刺，常无真正叶片……………………………………………………………… **仙人掌科 Cactaceae**

164. 植物体为普通形态，不呈仙人掌状，有真正的叶片。

165. 草本植物或稀可为亚灌木。

166. 花单性。

167. 雌雄同株；花鲜艳，多成腋生聚伞花序；子房 2～4 室…………………………………………………… **秋海棠科 Begoniaceae** **（秋海棠属 *Begonia*）**

167. 雌雄异株；花小而不显著，成腋生穗状或总状花序 ……………………………………………………… **四数木科 Datiscaceae**

166. 花常两性。

168. 叶基生或茎生，呈心形，或在阿柏麻属 *Apama* 为长形，不为肉质；花为三出数……………………… **马兜铃科 Aristolochiaceae** **（细辛族 *Asareae*）**

168. 叶茎生，不呈心形，多少有些肉质，或为圆柱形；花不是三出数。

169. 花萼裂片常为 5，叶状；蒴果 5 室或更多室，在顶端呈放射状裂开 …………………………………… **番杏科 Aizoaceae**

169. 花萼裂片 2；蒴果 1 室，盖裂 ……… **马齿苋科 Portulacaceae** **（马齿苋属 *Portulaca*）**

165. 乔木或灌木（但在虎耳草科的银梅草属 *Deinanthe* 及草绣球属 *Cardiandra* 为亚灌木，黄山梅属 *Kirengeshoma* 为多年生高大草本），有时以气生小根而攀缘。

170. 叶通常对生（虎耳草科的草绣球属 *Cardiandra* 为例外），或在石榴科的石榴属 *Punica* 中有时可互生。

171. 叶缘常有锯齿或全缘；花序（除山梅花族 Philadelpheae 外）常有不孕的边缘花 ……………………… **虎耳草科 Saxifragaceae**

171. 叶全缘；花序无不孕花。

172. 叶为脱落性；花萼呈朱红色 ……………… **石榴科 Punicaceae**
（石榴属 *Punica*）
172. 叶为常绿性；花萼不呈朱红色。
173. 叶片中有腺体微点；胚珠常多数 ……… **桃金娘科 Myrtaceae**
173. 叶片中无微点。
174. 胚珠在每子房室中为多数 …………… **海桑科 Sonneratiaceae**
174. 胚珠在每子房室中仅 2 个，稀可较多…………………………………………………………… **红树科 Rhizophoraceae**
170. 叶互生
175. 花瓣细长形兼长方形，最后向外翻转 … **八角枫科 Alangiaceae**
（八角枫属 *Alangium*）
175. 花瓣不成细长形，或纵为细长形时，也不向外翻转。
176. 叶无托叶。
177. 叶全缘；果实肉质或木质……………… **玉蕊科 Lecythidaceae**
（玉蕊属 *Barringtonia*）
177. 叶缘多少有些锯齿或齿裂；果实呈核果状，其形歪斜 ……………………………………………………… **山矾科 Symplocaceae**
（山矾属 *Symplocos*）
176. 叶有托叶。
178. 花瓣呈旋转状排列；花药隔向上延伸；花萼裂片中 2 个或更多个在果实上变大而呈翅状 ……… **龙脑香科 Dipterocarpaceae**
178. 花瓣呈覆瓦状或旋转状排列（如蔷薇科的火棘属 *Pyracantha*）；花药隔并不向上延伸；花萼裂片也无上述变大情形。
179. 子房 1 室，内具 2～6 侧膜胎座，各有 1 个至多数胚珠；果实为革质蒴果，自顶端以 2～6 片裂开 ……………………………………………………… **大风子科 Flacourtiaceae**
（天料木属 *Homalium*）
179. 子房 2～5 室，内具中轴胎座，或其心皮在腹面互相分离而具边缘胎
180. 花成伞房、圆锥、伞形或总状等花序，稀可单生；子房 2～5 室，或心皮 2～5 个，下位，每室或每心皮有胚珠 1 或 2 个，稀可有时为 3～10 个或为多数；果实为肉质或木质假果；种子无翅 ……………………………… **蔷薇科 Rosaceae**
（梨亚科 Pomoideae）
180. 花成头状或肉穗花序；子房 2 室，半下位，每室有胚珠 2～

6 个；果为木质蒴果；种子有或无翅……………………………………………… **金缕梅科** Hamamelidaceae

（**马蹄荷亚科** Bucklandioideae）

162. 花萼和 1 个或更多的雌蕊互相分离，即子房上位。

181. 花为周位花。

182. 萼片和花瓣相似，覆瓦状排列成数层，着生于坛状花托的外侧……………………………………………………… **蜡梅科** Calycanthaceae

（**洋蜡梅属** *Calycanthus*）

182. 萼片和花瓣有分化，在萼筒或花托的边缘排列成 2 层。

183. 叶对生或轮生，有时上部者可互生，但均为全缘单叶；花瓣常于蕾中呈皱褶状。

184. 花瓣无爪，形小，或细长；浆果………… **海桑科** Sonneratiaceae

184. 花瓣有细爪，边缘具腐蚀状的波纹或具流苏；蒴果……………………………………………………………… **千屈菜科** Lythraceae

183. 叶互生，单叶或复叶；花瓣不呈皱褶状。

185. 花瓣宿存；雄蕊的下部连成一管 ……………… **亚麻科** Linaceae

（**粘木属** *Lxonanthes*）

185. 花瓣脱落性；雄蕊互相分离。

186. 草本植物，具二出数的花朵；萼片 2 片，早落性；花瓣 4 个 ………………………………………………………… **罂粟科** Papaveraceae

（**花菱草属** *Eschscholzia*）

186. 木本或草本植物，具五出或四出数的花朵。

187. 花瓣镊合状排列；果实为荚果；叶多为二回羽状复叶；有时叶片退化，而叶柄发育为叶状柄；心皮 1 个……………………………………………………… **豆科** Leguminosae

（**含羞草亚科** Mimosoideae）

187. 花瓣覆瓦状排列；果实为核果、蓇葖果或瘦果；叶为单叶或复叶；心皮 1 个至多数 ……………………… **蔷薇科** Rosaceae

181. 花为下位花，或至少在果实时花托扁平或隆起。

188. 雌蕊少数至多数，互相分离或微有连合。

189. 水生植物。

190. 叶片呈盾状，全缘 ……………………… **睡莲科** Nymphaeaceae

190. 叶片不呈盾状，多少有些分裂或为复叶……………………………………………………… **毛茛科** Ranunculaceae

189. 陆生植物。

191. 茎为攀援性。
192. 草质藤本。
193. 花显著，为两性花 ……………………… **毛茛科 Ranunculaceae**
193. 花小形，为单性，雌雄异株 ………… **防己科 Menispermaceae**
192. 木质藤本或为蔓生灌木。
194. 叶对生，复叶由3小叶所组成，或顶端小叶形成卷须………… ……………………………………………… **毛茛科 Ranunculaceae**
（锡兰莲属 *Naravelia*）
194. 叶互生，单叶。
195. 花单性。
196. 心皮多数，结果时聚生成一球状的肉质体或散布于极延长的花托上 ………………………………… **木兰科 Magnoliaceae**
（五味子亚科 Schisandroideae）
196. 心皮3～6，果为核果或核果状 …… **防己科 Menispermaceae**
195. 花两性或杂性；心皮数个，果为蓇葖果 ……………………… ………………………………………… **五桠果科 Dilleniaceae**
（锡叶藤属 *Tetracera*）
191. 茎直立，不为攀缘性。
197. 雄蕊的花丝连成单体 ………………………… **锦葵科 Malvaceae**
197. 雄蕊的花丝互相分离。
198. 草本植物，稀可为亚灌木；叶片多少有些分裂或为复叶。
199. 叶无托叶；种子有胚乳 ……………… **毛茛科 Ranunculaceae**
199. 叶多有托叶；种子无胚乳 …………………… **蔷薇科 Rosaceae**
198. 木本植物；叶片全缘或边缘有锯齿，也稀有分裂者。
200. 萼片及花瓣均为镊合状排列；胚乳具嚼痕 …………………… ……………………………………… **番荔枝科 Annonaceae**
200. 萼片及花瓣均为覆瓦状排列；胚乳无嚼痕。
201. 萼片及花瓣相同，三出数，排列成3层或多层，均可脱落 ……………………………………… **木兰科 Magnoliaceae**
201. 萼片及花瓣甚有分化，多为五出数，排列成2层，萼片宿存。
202. 心皮3个至多数；花柱互相分离；胚珠为不定数 ………… …………………………………… **五桠果科 Dilleniaceae**
202. 心皮3～10个；花柱完全合生；胚珠单生 ………………… ……………………………………… **金莲木科 Ochnaceae**
（金莲木属 *Ochna*）

188. 雌蕊1个，但花柱或柱头为1至多数。
203. 叶片中具透明微点。
204. 叶互生，羽状复叶或退化为仅有1顶生小叶 …… **芸香科 Rutaceae**
204. 叶对生，单叶 …………………………………… **藤黄科 Guttiferae**
203. 叶片中无透明微点。
205. 子房单纯，具1子房室。
206. 乔木或灌木；花瓣呈镊合状排列；果实为荚果 …………………… **豆科 keguminosae**
（含羞草亚科 Mimosoideae）
206. 草本植物；花瓣呈覆瓦状排列；果实不是荚果。
207. 花为五出数；蓇葖果 ……………………… **毛茛科 Ranunculaceae**
207. 花为三出数；浆果 ………………………… **小檗科 Berberidaceae**
205. 子房为复合性。
208. 子房1室，或在马齿苋科的土人参属 *Talinum* 中子房基部为3室。
209. 特立中央胎座。
210. 草本；叶互生或对生；子房的基部3室，有多数胚珠 ……… ……………………………………………… **马齿苋科 Portulacaceae**
（土人参属 *Talinum*）
210. 灌木；叶对生；子房1室，内有成为3对的6个胚珠 ……… ……………………………………………… **红树科 Rhizophoraceae**
（秋茄树属 *Kandelia*）
209. 侧膜胎座。
211. 灌木或小乔木（在半日花科中常为亚灌木或草本植物），子房柄不存在或极短；果实为蒴果或浆果。
212. 叶对生；萼片不相等，外面2片较小，或有时退化，内面3片呈旋转状排列 ……………………… **半日花科 Cistaceae**
（半日花属 *Helianthemum*）
212. 叶常互生；萼片相等，呈覆瓦状或镊合状排列。
213. 植物体内含有色泽的汁液；叶具掌状脉，全缘；萼片5片，互相分离，基部有腺体；种皮肉质，红色 ……………… …………………………………… **红木科 Bixaceae**
（红木属 *Bixa*）
213. 植物体内不含有色泽的汁液；叶具羽状脉或掌状脉；叶缘有

锯齿或全缘；萼片 3～8 片，离生或合生；种皮坚硬，干燥 ……………………………… **大风子科 Flacourtiaceae**

211. 草本植物，如为木本植物时，则具有显著的子房柄；果实为浆果或核果。

214. 植物体内含乳汁；萼片 2～3 ………… **罂粟科 Papaveraceae**

214. 植物体内不含乳汁；萼片 4～8。

215. 叶为单叶或掌状复叶；花瓣完整；长角果 ………………………………………………… **白花菜科 Capparidaceae**

215. 叶为单叶，或为羽状复叶或分裂；花瓣具缺刻或细裂；蒴果仅于顶端裂开 ……………………… **木犀草科 Resedaceae**

208. 子房 2 至多室，或为不完全的 2 至多室。

216. 草本植物，具多少有些呈花瓣状的萼片。

217. 水生植物；花瓣为多数雄蕊或鳞片状的蜜腺叶所代替 ……………………………………… **睡莲科 Nymphaeaceae**

（萍蓬草属 *Nuphar*）

217. 陆生植物；花瓣不为蜜腺叶所代替。

218. 一年生草本植物；叶呈羽状细裂；花两性……………… ……………………………………… **毛茛科 Ranunculaceae**

（黑种草属 *Nigella*）

218. 多年生草本植物；叶全缘而呈掌状分裂；雌雄同株…… ……………………………………… **大戟科 Euphorbiaceae**

（麻疯树属 *Jatropha*）

216. 木本植物，或陆生草本植物，常不具呈花瓣状的萼片。

219. 萼片于蕾内呈镊合状排列。

220. 雄蕊互相分离或连成数束。

221. 花药 1 室或数室；叶为掌状复叶或单叶；全缘，具羽状脉 ………………………………… **木棉科 Bombacaceae**

221. 花药 2 室；叶为单叶，叶缘有锯齿或全缘。

222. 花药以顶端 2 孔裂开………… **杜英科 Elaeocarpaceae**

222. 花药纵长裂开 ……………………… **椴树科 Tiliaceae**

220. 雄蕊连为单体，至少内层者如此，并且多少有些连成管状。

223. 花单性；萼片 2 或 3 片 ……… **大戟科 Euphorbiaceae**

（油桐属 *Aleurites*）

223. 花常两性；萼片多 5 片，稀可较少。

224. 花药 2 室或更多室。

225. 无副萼；多有不育雄蕊；花药 2 室；叶为单叶或掌状分裂 ………………………………… **梧桐科** Sterculiaceae

225. 有副萼；无不育雄蕊；花药数室；叶为单叶，全缘且具羽状脉 ……………………… **木棉科** Bombacaceae（**榴莲属** *Durio*）

224. 花药 1 室。

226. 花粉粒表面平滑；叶为掌状复叶 …………………………………………………… **木棉科** Bombacaceae（**木棉属** *Gossampinus*）

226. 花粉粒表面有刺；叶有各种情形 ……………………………………………………… **锦葵科** Malvaceae

219. 萼片于蕾内呈覆瓦状或旋转状排列，或有时（如大戟科的巴豆属 *Croton*）近于呈镊合状排列。

227. 雌雄同株或稀可异株；果实为蒴果，由 2～4 个各自裂为 2 片的离果所成 …………………… **大戟科** Euphorbiaceae

227. 花常两性，或在猕猴桃科的猕猴桃属 *Actinidia* 中为杂性或雌雄异株；果实为其他情形。

228. 萼片在果实时增大且成翅状；雄蕊具伸长的花药隔 ……………………………… **龙脑香科** Dipterocarpaceae

228. 萼片及雄蕊二者不为上述情形。

229. 雄蕊排列成 2 层，外层 10 个和花瓣对生，内层 5 个和萼片对生 …………………… **蒺藜科** Zygophyllaceae（**骆驼蓬属** *Peganum*）

229. 雄蕊的排列为其他情形。

230. 食虫的草本植物；叶基生，呈管状，其上再具有小叶片 ………………………… **瓶子草科** Sarraceniaceae

230. 不是食虫植物；叶茎生或基生，但不呈管状。

231. 植物体呈耐寒旱状；叶为全缘单叶。

232. 叶对生或上部者互生；萼片 5 片，互不相等，外面 2 片较小或有时退化，内面 3 片较大，成旋转状排列，宿存；花瓣早落………… **半日花科** Cistaceae

232. 叶互生；萼片 5 片，大小相等；花瓣宿存；在内侧基部各有 2 舌状物 ………… **柽柳科** Tamaricaceae（**琵琶柴属** *Reaumuria*）

231. 植物体不是耐寒旱状；叶常互生；萼片2～5片，彼此相等；呈覆瓦状或稀可呈镊合状排列。

233. 草本或木本植物；花为四出数，或其萼片多为2片且早落。

234. 植物体内含乳汁；无或有极短子房柄；种子有丰富胚乳 …………………… **罂粟科 Papaveraceae**

234. 植物体内不含乳汁；有细长的子房柄；种子无或有少量胚乳 …………… **白花菜科 Capparidaceae**

233. 木本植物；花常为五出数，萼片宿存或脱落。

235. 果实为具5个棱角的蒴果，分成5个骨质各含1或2种子的心皮后，再各沿其缝线而2瓣裂开…………………………………… **蔷薇科 Rosaceae**

（白鹃梅属 *Exochorda*）

235. 果实不为蒴果，如为蒴果时则为胞背裂开。

236. 蔓生或攀缘的灌木；雄蕊互相分离；子房5室或更多室；浆果，常可食 ………………………………………………… **猕猴桃科 Actinidiaceae**

236. 直立乔木或灌木；雄蕊至少在外层者连为单体，或连成3～5束而着生于花瓣的基部；子房3～5室。

237. 花药能转动，以顶端孔裂开；浆果；胚乳颇丰富 …………………… **猕猴桃科 Actinidiaceae**

（水冬哥属 *Saurauia*）

237. 花药能或不能转动，常纵长裂开；果实有各种情形；胚乳通常量微小 …… **山茶科 Theaceae**

161. 成熟雄蕊10个或较少，如多于10个时，其数并不超过花瓣的2倍。

238. 成熟雄蕊和花瓣同数，且和它对生。

239. 雌蕊3个至多数，离生。

240. 直立草本或亚灌木；花两性，五出数 …………… **蔷薇科 Rosaceae**

（地蔷薇属 *Chamaerhodos*）

240. 木质或草质藤本；花单性，常为三出数。

241. 叶常为单叶；花小型；核果；心皮3～6个，呈星状排列，各含1胚珠…………………………………………… **防己科 Menispermaceae**

241. 叶为掌状复叶或由3小叶组成；花中型；浆果；心皮3个至多数，

轮状或螺旋状排列，各含 1 个或多数胚珠 ……………………………………………………………… **木通科 Lardizabalaceae**

239. 雌蕊 1 个。

242. 子房 2 至数室。

243. 花萼裂齿不明显或微小；以卷须缠绕他物的灌木或草本植物 ………………………………………………… **葡萄科 Vitaceae**

243. 花萼具 4 或 5 裂片；乔木、灌木或草本植物，有时虽也可为缠绕性，但无卷须。

244. 雄蕊连成单体。

245. 叶为单叶；每子房室内含胚珠 2～6 个（或在可可树亚族 *Theobromineae* 中为多数）……………………… **梧桐科 Sterculiaceae**

245. 叶为掌状复叶；每子房室内含胚珠多数 ……………………………………………………………… **木棉科 Bombacaceae**

（吉贝属 *Ceiba*）

244. 雄蕊互相分离，或稀可在其下部连成一管。

246. 叶无托叶；萼片各不相等；呈覆瓦状排列；花瓣不相等，在内层的 2 片常很小 ……………………………… **清风藤科 Sabiaceae**

246. 叶常有托叶；萼片同大，呈镊合状排列；花瓣均大小同形。

247. 叶为单叶 ……………………………………… **鼠李科 Rhamnaceae**

247. 叶为 1～3 回羽状复叶 ……………………… **葡萄科 Vitaceae**

（火筒树属 *Leea*）

242. 子房 1 室（在马齿苋科的土人参属 *Talinum* 及铁青树科的铁青树属 *Olax* 中子房的下部多少有些成为 3 室）。

248. 子房下位或半下位。

249. 叶互生，边缘常有锯齿；蒴果 ………… **大风子科 Flacourtiaceae**

（天料木属 *Homalium*）

249. 叶多对生或轮生，全缘；浆果或核果 … **桑寄生科 Loranthaceae**

248. 子房上位。

250. 花药以舌瓣裂开 ……………………………… **小檗科 Berberidaceae**

250. 花药不以舌瓣裂开。

251. 缠绕草本；胚珠 1 个；叶肥厚，肉质 ……… **落葵科 Basellaceae**

（落葵属 *Dasella*）

251. 直立草本，或有时为木本；胚珠 1 至多数。

252. 雄蕊连成单体；胚珠 2 个 ……………… **梧桐科 Sterculiaceae**

（蛇婆子属 *Waltheria*）

252. 雄蕊互相分离，胚珠1至多数。
253. 花瓣6～9片；雌蕊单纯 ………………… **小檗科 Berberidaceae**
253. 花瓣4～8片；雌蕊复合。
254. 常为草本；花萼有2个分离萼片。
255. 花瓣4片；侧膜胎座 ……………………… **罂粟科 Papaveraceae**
（角茴香属 *Hypecoum*）
255. 花瓣常5片；基底胎座 ……………… **马齿苋科 Portulacaceae**
254. 乔木或灌木，常蔓生；花萼呈倒圆锥形或杯状。
256. 通常雌雄同株；花萼裂片4～5；花瓣呈覆瓦状排列；无不育雄蕊；胚珠有2层珠被 ………… **紫金牛科 Myrsinaceae**
（信筒子属 *Embelia*）
256. 花两性；花萼于开花时微小，而具不明显的齿裂；花瓣多为镊合状排列；有不育雄蕊（有时代以密腺）；胚珠无珠被。
257. 花萼于果时增大；子房的下部为3室，上部为1室，内含3个胚珠 ……………………………… **铁青树科 Olacaceae**
（铁青树属 *Olax*）
257. 花萼于果时不增大；子房1室，内仅含1个胚珠………… ……………………………………………… **山柚子科 Opiliaceae**
238. 成熟雄蕊和花瓣不同数，如同数时则雄蕊和它互生。
258. 雌雄异株；雄蕊8个，不相同，其中5个较长，有伸出花外的花丝，且和花瓣相互生，另3个则较短而藏于花内；灌木或灌木状草本；互生或对生单叶；心皮单生；雌花无花被，无梗，贴生于宽圆形的叶状苞片上 ……………………………………… **漆树科 Anacardiaceae**
（九子不离母属 *Dobinea*）
258. 花两性或单性，纵为雌雄异株时，其雄花中也无上述情形的雄蕊。
259. 花萼或其筒部和子房多少有些相连合。
260. 每子房室内含胚珠或种子2至多数。
261. 花药以顶端孔裂开；草本或木本植物；叶对生或轮生，大都于叶片基部具3～9脉 ……………………… **野牡丹科 Melastomaceae**
261. 花药纵长裂开。
262. 草本或亚灌木；有时为攀缘性。
263. 具卷须的攀援草本；花单性 ……………… **葫芦科 Cucurbitaceae**
263. 无卷须的植物；花常两性。
264. 萼片或花萼裂片2片；植物体多少肉质而多水分 ……………

…………………………………………… **马齿苋科 Portulacaceae**
（马齿苋属 *Portulaca*）

264. 萼片或花萼裂片4～5片；植物体常不为肉质。

265. 花萼裂片呈覆瓦状或镊合状排列；花柱2个或更多；种子具胚乳 ………………………………………… **虎耳草科 Saxifragaceae**

265. 花萼裂片呈镊合状排列；花柱1个，具2～4裂，或为1呈头状的柱头；种子无胚乳 ………………… **柳叶菜科 Onagraceae**

262. 乔木或灌木，有时为攀缘性。

266. 叶互生。

267. 花数朵至多数成头状花序；常绿乔木；叶革质，全缘或具浅裂 ………………………………………… **金缕梅科 Hamamelidaceae**

267. 花成总状或圆锥花序。

268. 灌木；叶为掌状分裂，基部具3～5脉；子房1室，有多数胚珠；浆果 ……………………………… **虎耳草科 Saxifragaceae**
（茶藨子属 *Ribes*）

268. 乔木或灌木；叶缘有锯齿或细锯齿，有时全缘，具羽状脉；子房3～5室，每室内含2至数个胚珠，或在山茉莉属 *Huodendron* 为多数；干燥或木质核果，或蒴果，有时具棱角或有翅 ………………………………………… **野茉莉科 Styracaceae**

266. 叶常对生（使君子科的榄李树属 *Lumnitzera* 例外，同科的风车子属 *Combretum* 也可有时为互生，或互生和对生共存于一枝上）。

269. 胚珠多数，除冠盖藤属 *Pileostegia* 自子房室顶端垂悬外，均位于侧膜或中轴胎座上；浆果或蒴果；叶缘有锯齿或为全缘，但均无托叶；种子含胚乳 …………… **虎耳草科 Saxifragaceae**

269. 胚珠2至数个，近于自房室顶端垂悬；叶全缘或有圆锯齿；果实多不裂开，内有种子1至数个。

270. 乔木或灌木，常为蔓生，无托叶，不为形成海岸林的组成分子（榄李树属 *Lumnitzera* 例外）；种子无胚乳，落地后始萌芽 ………………………………………… **使君子科 Combretaceae**

270. 常绿灌木或小乔木，具托叶；多为形成海岸林的主要组成分子；种子常有胚乳，在落地前即萌芽（胎生） ……………… ……………………………………… **红树科 Rhizophoraceae**

260. 每子房室内仅含胚珠或种子1个。

271. 果实裂开为2个干燥的离果，并共同悬于一果梗上；花序常为伞形花序（在变豆菜属 *Sanicula* 及鸭儿芹属 *Cryptotaenia* 中为不规则的花序，在刺芫荽属 *Eryngium* 中，则为头状花序）……………………………………………………………… **伞形科 Umbelliferae**

271. 果实不裂开或裂开而不是上述情形的；花序可为各种形式。

272. 草本植物。

273. 花柱或柱头 2～4 个；种子具胚乳；果实为小坚果或核果，具棱角或有翅 …………………………… 小二仙草科 Haloragidaceae

273. 花柱 1 个，具有 1 头状或呈 2 裂的柱头；种子无胚乳。

274. 陆生草本植物，具对生叶；花为二出数；果实为一具钩状刺毛的坚果 ……………………………………… **柳叶菜科 Onagraceae**
（露珠草属 *Circaea*）

274. 水生草本植物，有聚生而漂浮水面的叶片；花为四出数；果实为具 2～4 刺的坚果（栽培种果实可无显著的刺）……………………………………………………………… **菱科 Trapaceae**
（菱属 *Trapa*）

272. 木本植物。

275. 果实干燥或为蒴果状。

276. 子房 2 室；花柱 2 个　…………… **金缕梅科 Hamamelidaceae**

276. 子房 1 室；花柱 1 个。

277. 花序伞房状或圆锥状 ……………… **莲叶桐科 Hernandiaceae**

277. 花序头状 ……………………………………… **珙桐科 Nyssaceae**
（旱莲木属 *Camptotheca*）

275. 果实核果状或浆果状。

278. 叶互生或对生；花瓣呈镊合状排列；花序有各种形式，但稀为伞形或头状，有时且可生于叶片上。

279. 花瓣 3～5 片，卵形至披针形；花药短 …… **山茱萸科 Cornaceae**

279. 花瓣 4～10 片，狭窄形并向外翻转；花药细长………………………………………………………………… **八角枫科 Alangiaceae**
（八角枫属 *Alangium*）

278. 叶互生；花瓣呈覆瓦状或镊合状排列；花序常为伞形或呈头状。

280. 子房 1 室；花柱 1 个；花杂性兼雌雄异株，雌花单生或以少数朵至数朵聚生，雌花多数，腋生为有花梗的簇丛…………………………………………………………… **珙桐科 Nyssaceae**
（蓝果树属 *Nyssa*）

280. 子房2室或更多室；花柱2～5个；如子房为1室而具1花柱时（如马蹄参属 *Diplopanax*），则花两性，形成顶生类似穗状的花序 ………………………………………… **五加科 Araliaceae**

259. 花萼和子房相分离。

281. 叶片中有透明微点。

282. 花整齐，稀可两侧对称；果实不为荚果 ……… **芸香科 Rutaceae**

282. 花整齐或不整齐；果实为荚果 ………………… **豆科 Leguminosae**

281. 叶片中无透明微点。

283. 雌蕊2个或更多，互相分离或仅有局部的联合；也可子房分离而花柱连合成1个。

284. 多水分的草本，具肉质的茎及叶 ………… **景天科 Crassulaceae**

284. 植物体为其他情形。

285. 花为周位花。

286. 花的各部分呈螺旋状排列，萼片逐渐变为花瓣；雄蕊5或6个；雌蕊多数 ………………………… **蜡梅科 Calycanthaceae**

（蜡梅属 *Chimonanthus*）

286. 花的各部分呈轮状排列，萼片和花瓣甚有分化。

287. 雌蕊2～4个，各有多数胚珠；种子有胚乳；无托叶 ……… ………………………………………… **虎耳草科 Saxifragacea**

287. 雌蕊2至多数，各有1至数个胚珠；种子无胚乳；有或无托叶 ………………………………………… **蔷薇科 Rosaceae**

285. 花为下位花，或在悬铃木科中微呈周位。

288. 草本或亚灌木。

289. 各子房的花柱互相分离。

290. 叶常互生或基生，多少有些分裂；花瓣脱落性，较萼片为大，或于天葵属 *Semiaquilegia* 稍小于成花瓣状的萼片 … ………………………………………… **毛茛科 Ranunculaceae**

290. 叶对生或轮生，为全缘单叶；花瓣宿存性，较萼片小 …… ………………………………………… **马桑科 Coriariaceae**

（马桑属 *Coriaria*）

289. 各子房合具1共同的花柱或柱头；叶为羽状复叶；花为五出数；花萼宿存；花中有和花瓣互生的腺体；雄蕊10个 …… ………………………………………… **牻牛儿苗科 Geraniaceae**

（熏倒牛属 *Biebersteinia*）

288. 乔木、灌木或木本的攀缘植物。

291. 叶为单叶。
292. 叶对生或轮生 …………………………… **马桑科** Coriariaceae
(**马桑属** *Coriaria*)
292. 叶互生。
293. 叶为脱落性，具掌状脉；叶柄基部扩张成帽状以覆盖腋芽
……………………………………… **悬铃木科** Platanaceae
(**悬铃木属** *Platanus*)
293. 叶为常绿性或脱落性，具羽状脉。
294. 雌蕊 7 至多数（稀可少至 5 个）；直立或缠绕性灌木；花两性或单性 ………………………… **木兰科** Magnoliaceae
294. 雌蕊 4～6 个；乔木或灌木；花两性。
295. 子房 5 或 6 个，以 1 共同的花柱而连合，各子房均可成熟为核果…………………………… **金莲木科** Ochnaceae
(**赛金莲木属** *Ouratea*)
295. 子房 4～6 个，各具 1 花柱，仅有 1 子房可成熟为核果
……………………………………… **漆树科** Anacardiaceae
(**山様子属** *Buchanania*)
291. 叶为复叶。
296. 叶对生……………………………… **省沽油科** Staphyleaceae
296. 叶互生。
297. 木质藤本；叶为掌状复叶或三出复叶………………………
……………………………………… **木通科** Lardizabalaceae
297. 乔木或灌木（有时在牛栓藤科中有缠绕性者）；叶为羽状复叶。
298. 果实为 1 含多数种子的浆果，状似猫屎 ………………
……………………………………… **木通科** Lardizabalaceae
(**猫儿屎属** *Decaisnea*)
298. 果实为其他情形。
299. 果实为蓇葖果 ……………………… **牛栓藤科** Connaraceae
299. 果实为离果，或在臭椿属 *Ailanthus* 中为翅果 …………
……………………………………… **苦木科** Simaroubaceae
283. 雌蕊 1 个，或至少其子房为 1 个。
300. 雌蕊或子房确是单纯的，仅 1 室。
301. 果实为核果或浆果。
302. 花为三出数，稀可二出数；花药以舌瓣裂开 ………………

………………………………………………… **樟科 Lauraceae**

302. 花为五出或四出数；花药纵长裂开。

303. 落叶具刺灌木；雄蕊 10 个，周位，均可发育 ………………

………………………………………………… **蔷薇科 Rosaceae**

（扁核木属 *Prinsepia*）

303. 常绿乔木；雄蕊 1～5 个，下位，常仅其中 1 或 2 个可发育

………………………………………… **漆树科 Anacardiaceae**

（杧果属 *Mangifera*）

301. 果实为蓇葖果或荚果。

304. 果实为蓇葖果。

305. 落叶灌木；叶为单叶；蓇葖果内含 2 至数个种子………………

………………………………………………… **蔷薇科 Rosaceae**

305. 常为木质藤本；叶多为单数复叶或具 3 小叶；有时因退化而只有 1 小叶；蓇葖果内仅含 1 个种子…………………………

……………………………………………… **牛栓藤科 Connaraceae**

304. 果实为荚果 ……………………………………… **豆科 Leguminosae**

300. 雌蕊或子房并非单纯者，有 1 个以上的子房室或花柱、柱头、胎座等部分。

306. 子房 1 室或因有 1 假隔膜的发育而成 2 室，有时下部 2～5 室，上部 1 室。

307. 花下位，花瓣 4 片，稀可更多。

308. 萼片 2 片 ……………………………… **罂粟科 Papaveraceae**

308. 萼片 4～8 片。

309. 子房柄常细长，呈线状 ………… **白花菜科 Capparidaceae**

309. 子房柄极短或不存在。

310. 子房为 2 个心皮连合组成，常具 2 子房室及 1 假隔膜……

……………………………………………… **十字花科 Cruciferae**

310. 子房 3～6 个心皮连合组成，仅 1 子房室。

311. 叶对生，微小，为耐寒旱性；花为辐射对称；花瓣完整，具瓣爪，其内侧有舌状的鳞片附属物 ……………………

…………………………………… **瓣鳞花科 Frankeniaceae**

（瓣鳞花属 *Frankenia*）

311. 叶互生，显著，非为耐寒旱性；花为两侧对称；花瓣常分裂，但其内侧并无鳞片状的附属物 ……………………

………………………………… **木犀草科 Resedaceae**

307. 花周位或下位，花瓣3～5片，稀可2片或更多。

312. 每子房室内仅有胚珠1个。

313. 乔木，或稀为灌木；叶常为羽状复叶。

314. 叶常为羽状复叶，具托叶及小托叶……………………………………………………………… **省沽油科 Staphyleaceae（银鹊树属 *Tapiscia*）**

314. 叶为羽状复叶或单叶，无托叶及小托叶……………………………………………………………… **漆树科 Anacardiaceae**

313. 木本或草本；叶为单叶。

315. 通常均为木本，稀可在樟科的无根藤属 *Cassytha* 则为缠绕性寄生草本；叶常互生，无膜质托叶。

316. 乔木或灌木；无托叶；花为三出或二出数，萼片和花瓣同形，稀可花瓣较大；花药以舌瓣裂开；浆果或核果 ……………………………………………… **樟科 Lauraceae**

316. 蔓生性的灌木，茎为合轴型，具钩状的分枝；托叶小而早落；花为五出数，萼片和花瓣不同形，前者且于结实时增大成翅状；花药纵长裂开；坚果 ……………………………………………… **钩枝藤科 Ancistrocladaceae（钩枝藤属 *Ancistrocladus*）**

315. 草本或亚灌木；叶互生或对生，具膜质托叶……………………………………………………… **蓼科 Polygonaceae**

312. 每子房室内有胚珠2至多数。

317. 乔木、灌木或木质藤本。

318. 花瓣及雄蕊均着生于花萼上 ……… **千屈菜科 Lythraceae**

318. 花瓣及雄蕊均着生于花托上（或于西番莲科中雄蕊着生于子房柄上）。

319. 核果或翅果，仅有1种子

320. 花萼具显著的4或5裂片或裂齿，微小而不能长大……………………………………………… **茶茱萸科 Icacinaceae**

320. 花萼呈截平头或具不明显的萼齿，微小，但能在果实上增大 …………………………………… **铁青树科 Olacaceae（铁青树属 *Olax*）**

319. 蒴果或浆果，内有2至多数种子。

321. 花两侧对称。

322. 叶为2～3回羽状复叶；雄蕊5个……………………

……………………………………… **辣木科** Moringaceae

（**辣木属** *Moringa*）

322. 叶为全缘的单叶；雄蕊 8 个 …… **远志科** Polygalaceae

321. 花辐射对称；叶为单叶或掌状分裂。

323. 花瓣具有直立而常彼此衔接的瓣爪 ………………

……………………………… **海桐花科** Pittosporaceae

（**海桐花属** *Pittosposrum*）

323. 花瓣不具细长的瓣爪。

324. 植物体为耐寒旱性，有鳞片状或细长形的叶片；花无小苞片 ………………………… **柽柳科** Tamaricaceae

324. 植物体非为耐寒旱性，具有较宽大的叶片。

325. 花两性。

326. 花萼和花瓣不甚分化，且前者较大…………………

……………………………… **大风子科** Flacourtiaceae

（**红子木属** *Erythrospermum*）

326. 花萼和花瓣很有分化，前者很小…………………

……………………………………… **堇菜科** Violaceae

（**雷诺木属** *Rinorea*）

325. 雌雄异株或花杂性。

327. 乔木；花的每一花瓣基部各具位于内方的一鳞片；无子房柄 ………………… **大风子科** Flacourtiaceae

（**大风子属** *Hydnocarpus*）

327. 多为具卷须而攀缘的灌木；花常具一为 5 鳞片所成的副冠，各鳞片和萼片相对生；有子房柄…………

………………………… **西番莲科** Passifloraceae

（**蒴莲属** *Adenia*）

317. 草本或亚灌木。

328. 胎座位于子房室的中央或基底。

329. 花瓣着生于花萼的喉部 …………… **千屈菜科** Lythraceae

329. 花瓣着生于花托上。

330. 萼片 2 片；叶互生，稀可对生……………………………

……………………………… **马齿苋科** Portulacaceae

330. 萼片 5 或 4 片；叶对生 ……… **石竹科** Caryophyllaceae

328. 胎座为侧膜胎座。

331. 食虫植物，具生有腺体刚毛的叶片 ………………

…………………………………… **茅膏菜科** Droseraceae

331. 非为食虫植物，也无生有腺体毛茸的叶片。

332. 花两侧对称。

333. 花有一位于前方的距状物；蒴果 3 瓣裂开 ……………………………………………………… **堇菜科** Violaceae

333. 花有一位于后方的大型花盘；蒴果仅于顶端裂开 ……………………………………………… **木犀草科** Resedaceae

332. 花整齐或近于整齐。

334. 植物体为耐寒旱性；花瓣内侧各有 1 舌状的鳞片 ……………………………………………… **瓣鳞花科** Frankeniaceae

（**瓣鳞花属** *Frankenia*）

334. 植物体非为耐寒旱性；花瓣内侧无鳞片的舌状附属物。

335. 花中有副冠及子房柄 ……… **西番莲科** Passifloraceae

（**西番莲属** *Passiflora*）

335. 花中无副冠及子房柄 ……… **虎耳草科** Saxifragaceae

306. 子房 2 室或更多室。

336. 花瓣形状彼此极不相等。

337. 每子房室内有数个至多数胚珠。

338. 子房 2 室 ………………………… **虎耳草科** Saxifragaceae

338. 子房 5 室 ………………………… **凤仙花科** Balsaminaceae

337. 每子房室内仅有 1 个胚珠。

339. 子房 3 室；雄蕊离生；叶盾状，叶缘具棱角或波纹 ……………………………………………… **旱金莲科** Tropaeolaceae

（**旱金莲属** *Tropaeolum*）

339. 子房 2 室（稀可 1 或 3 室）；雄蕊连合为一单体；叶不呈盾状，全缘 ………………………………… **远志科** Polygalaceae

336. 花瓣形状彼此相等或微有不等，且有时花也可为两侧对称。

340. 雄蕊数和花瓣数既不相等，也不是它的倍数。

341. 叶对生。

342. 雄蕊 4～10 个，常 8 个。

343. 蒴果 ……………………… **七叶树科** Hippocastanaceae

343. 翅果 ………………………………… **槭树科** Aceraceae

342. 雄蕊 2 或 3 个，也稀可 4 或 5 个。

344. 萼片及花瓣均为五出数；雄蕊多为 3 个 ……………………………………………… **翅子藤科** Hippocrateaceae

344. 萼片及花瓣常均为四出数；雄蕊 2 个，稀可 3 个 ……………………………………………………… **木犀科 Oleaceae**

341. 叶互生。

345. 叶为单叶，多全缘，或在油桐属 *Aleurites* 中可具 3～7 裂片；花单性 …………………………… **大戟科 Euphorbiaceae**

345. 叶为单叶或复叶；花两性或杂性。

346. 萼片为镊合状排列；雄蕊连成单体 ……………………………………………………… **梧桐科 Sterculiaceae**

346. 萼片为覆瓦状排列；雄蕊离生。

347. 子房 4 或 5 室，每子房室内有 8～12 胚珠；种子具翅 ……………………………………………… **楝科 Meliaceae**

（香椿属 *Toona*）

347. 子房常 3 室，每子房室内有 1 至数个胚珠；种子无翅。

348. 花小型或中型，下位，萼片互相分离或微有连合 ……………………………………… **无患子科 Sapindaceae**

348. 花大型，美丽，周位，萼片互相连合成一钟形的花萼 ………………………… **钟萼木科 Bretschneideraceae**

（钟萼木属 *Bretschneidera*）

340. 雄蕊数和花瓣数相等，或是它的倍数。

349. 每子房室内有胚珠或种子 3 至多数。

350. 叶为复叶。

351. 雄蕊连合成为单体 ……………… **酢浆草科 Oxalidaceae**

351. 雄蕊彼此相互分离。

352. 叶互生。

353. 叶为 2～3 回的三出叶，或为掌状叶……………………………………………………… **虎耳草科 Saxifragaceae**

（落新妇亚族 Astilbinae）

353. 叶为 1 回羽状复叶 …………………… **楝科 Meliaceae**

（香椿属 *Toona*）

352. 叶对生。

354. 叶为偶数羽状复叶 …………… **蒺藜科 Zygophyllaceae**

354. 叶为奇数羽状复叶………… **省沽油科 Staphyleaceae**

350. 叶为单叶。

355. 草本或亚灌木。

356. 花周位；花托多少有些中空。

357. 雄蕊着生于杯状花托的边缘 ……………………………………………………………… **虎耳草科** Saxifragaceae

357. 雄蕊着生于杯状或管状花萼（或花托）的内侧 ……………………………………………… **千屈菜科** Lythraceae

356. 花下位；花托常扁平。

358. 叶对生或轮生，常全缘。

359. 水生或沼泽草本，有时（如田繁缕属 *Bergia*）为亚灌木；有托叶 ……………………… **沟繁缕科** Elatinaceae

359. 陆生草本；无托叶 ………… **石竹科** Caryophyllaceae

358. 叶互生或基生；稀可对生，边缘有锯齿，或叶退化为无绿色组织的鳞片。

360. 草本或亚灌木；有托叶；萼片呈镊合状排列，脱落性 …………………………………………… **椴树科** Tiliaceae

（黄麻属 *Corchorus*，田麻属 *Corchoropsis*）

360. 多年生常绿草本，或为死物寄生植物而无绿色组织；无托叶；萼片呈覆瓦状排列，宿存性…………………………………………………… **鹿蹄草科** Pyrolaceae

355. 木本植物。

361. 花瓣常有彼此衔接或其边缘互相依附的柄状瓣爪……………………………………………… **海桐花科** Pittosporaceae

（海桐花属 *Pittosporum*）

361. 花瓣无瓣爪，或仅具互相分离的细长柄状瓣爪。

362. 花托空凹；萼片呈镊合状或覆瓦状排列。

363. 叶互生，边缘有锯齿，常绿性…………………………………………………… **虎耳草科** Saxifragaceae

（鼠刺属 *Itea*）

363. 叶对生或互生，全缘，脱落性。

364. 子房 2～6 室，仅具 1 花柱；胚珠多数，着生于中轴胎座上 ………………………… **千屈菜科** Lythraceae

364. 子房 2 室，具 2 花柱；胚珠数个，垂悬于中轴胎座上 ……………………… **金缕梅科** Hamamelidaceae

（双花木属 *Disanthus*）

362. 花托扁平或微凸起；萼片呈覆瓦状或于杜英科中呈镊合状排列。

365. 花为四出数；果实呈浆果状或核果状；花药纵长裂开

或顶端舌瓣裂开。

366. 穗状花序腋生于当年新枝上；花瓣先端具齿裂 ……………………………………… **杜英科** Elaeocarpaceae

(**杜英属** *Elaeocarpus*)

366. 穗状花序腋生于昔年老枝上；花瓣完整 …………………………………………… **旌节花科** Stachyuraceae

(**旌节花属** *Stachyurus*)

365. 花为五出数；果实呈蒴果状；花药顶端孔裂。

367. 花粉粒单纯；子房 3 室………… **山柳科** Clethraceae

(**山柳属** *Clethra*)

367. 花粉粒复合，成为四合体；子房 5 室 ……………………………………………… **杜鹃花科** Ericaceae

349. 每子房室内有胚珠或种子 1 或 2 个。

368. 草本植物，有时基部呈灌木状。

369. 花单性、杂性，或雌雄异株。

370. 具卷须的藤本；叶为二回三出复叶………………………………………………… **无患子科** Sapindaceae

(**倒地铃属** *Cardiosperrmum*)

370. 直立草本或亚灌木；叶为单叶………………………………………………… **大戟科** Euphorbiaceae

369. 花两性。

371. 萼片呈镊合状排列；果实有刺 ……… **椴树科** Tiliaceae

(**刺蒴麻属** *Triumfetta*)

371. 萼片呈覆瓦状排列；果实无刺。

372. 雄蕊彼此分离；花柱互相连合 ……………………………………………… **牻牛儿苗科** Geraniaceae

372. 雄蕊互相连合；花柱彼此分离 ……… **亚麻科** Linaceae

368. 木本植物

373. 叶肉质，通常仅为 1 对小叶所组成的复叶 ………………………………………………… **蒺藜科** Zygophyllaceae

373. 叶为其他情形。

374. 叶对生；果实为 1、2 或 3 个翅果所组成。

375. 花瓣细裂或具齿裂；每果实有 3 个翅果 ……………………………………………… **金虎尾科** Malpighiaceae

375. 花瓣全缘；每果实具 2 个或连合为 1 个的翅果 ………

…………………………………… **槭树科 Aceraceae**

374. 叶互生，如为对生时，则果实不为翅果。

376. 叶为复叶，或稀可为单叶而有具翅的果实。

377. 雄蕊连为单体。

378. 萼片及花瓣均为三出数；花药 6 个，花丝生于雄蕊管的口部 ………………………… **橄榄科 Burseraceae**

378. 萼片及花瓣均为四出至六出数；花药 8～12 个，无花丝，直接着生于雄蕊管的喉部或裂齿之间 ………… ………………………………… **楝科 Meliaceae**

377. 雄蕊各自分离。

379. 叶为单叶；果实为一具 3 翅而其内仅有 1 个种子的小坚果 ………………………… **卫矛科 Celastraceae**

（雷公藤属 *Tripterygium*）

379. 叶为复叶；果实无翅。

380. 花柱 3～5 个；叶常互生，脱落性 ………………… ……………………………… **漆树科 Anacardiaceae**

380. 花柱 1 个；叶互生或对生。

381. 叶为羽状复叶，互生，常绿性或脱落性；果实有各种类型 …………………… **无患子科 Sapindaceae**

381. 叶为掌状复叶，对生，脱落性；果实为蒴果 …… …………………… **七叶树科 Hippocastanaceae**

376. 叶为单叶；果实无翅。

382. 雄蕊连成单体，或如为 2 轮时，至少其内轮者如此，有时其花药无花丝（如大戟科的三宝木属 *Trigonostemon*）。

383. 花单性；萼片或花萼裂片 2～6 片，呈镊合状或覆瓦状排列 ……………………… **大戟科 Euphorbiaceae**

383. 花两性；萼片 5 片，呈覆瓦状排列。

384. 果实呈蒴果状；子房 3～5 室，各室均可成熟 …… ……………………………………… **亚麻科 Linaceae**

384. 果实呈核果状；子房 3 室，其中的 2 室大都为不孕性，仅另 1 室可成熟，而有 1 或 2 个胚珠………… ……………………… **古柯科 Erythroxylaceae**

（古柯属 *Erythroxylum*）

382. 雄蕊各自分离，有时在毒鼠子科中可和花瓣相连合而形成1管状物。

385. 果呈蒴果状。

386. 叶互生或稀可对生；花下位。

387. 叶脱落性或常绿性；花单性或两性；子房3室，稀可2或4室，有时可多至15室（如算盘子属 *Glochidion*） ………………… **大戟科 Euphorbiaceae**

387. 叶常绿性；花两性；子房5室 …………………………………………… **五列木科 Pentaphylacaceae（五列木属 *Pentaphylax*）**

386. 叶对生或互生；花周位 ……… **卫矛科 Celastraceae**

385. 果呈核果状，有时木质化，或呈浆果状。

388. 种子无胚乳，胚体肥大而多肉质。

389. 雄蕊10个 ……………… **蒺藜科 Zygophyllaceae**

389. 雄蕊4或5个。

390. 叶互生；花瓣5片，各2裂或成2部分………………………………… **毒鼠子科 Dichapetalaceae（毒鼠子属 *Dichapetalum*）**

390. 叶对生；花瓣4片，均完整……………………………………… **刺茉莉科 Salvadoraceae（刺茉莉属 *Azima*）**

388. 种子有胚乳，胚体有时很小。

391. 植物体为耐寒旱性；花单性，三出或二出数 ……………………………… **岩高兰科 Empetraceae（岩高兰属 *Empetrum*）**

391. 植物体为普通形状；花两性或单性，五出或四出数。

392. 花瓣呈镊合状排列。

393. 雄蕊和花瓣同数 ………… **茶茱萸科 Icacinaceae**

393. 雄蕊为花瓣的倍数。

394. 枝条无刺，而有对生的叶片……………………………… **红树科 Rhizophoraceae（红树族 Gynotrocheae）**

394. 枝条有刺，而有互生的叶片……………………………… **铁青树科 Olacaceae（海檀木属 *Ximenia*）**

392. 花瓣呈覆瓦状排列，或在大戟科的小盘木属 *Microdesmis* 中为扭转兼覆瓦状排列。

395. 花单性，雌雄异株；花瓣较小于萼片 ………………………………… **大戟科 Euphorbiaceae**
（小盘木属 *Microdesmis*）

395. 花两性或单性；花瓣常较大于萼片。

396. 落叶攀缘灌木；雄蕊 10 个；子房 5 室，每室内有胚珠 2 个 …… **猕猴桃科 Actinidiaceae**
（藤山柳属 *Clematoclethra*）

396. 多为常绿乔木或灌木；雄蕊 4 或 5 个。

397. 花下位，雌雄异株或杂性，无花盘 ……………………………… **冬青科 Aquifoliaceae**
（冬青属 *Ilex*）

397. 花周位，两性或杂性；有花盘 ………………………………… **卫矛科 Celastraceae**
（异卫矛亚科 Cassinioideae）

160. 花冠为多少有些连合的花瓣所组成。

398. 成熟雄蕊或单体雄蕊的花药数多于花冠裂片。

399. 心皮 1 至数个，互相分离或大致分离。

400. 叶为单叶或有时可为羽状分裂，对生，肉质 … **景天科 Crassulaceae**

400. 叶为二回羽状复叶，互生，不呈肉质 …………… **豆科 Leguminosae**
（含羞草亚科 Mimosoideae）

399. 心皮 2 个或更多，连合成一复合性子房。

401. 雌雄同株或异株，有时为杂性。

402. 子房 1 室；无分枝而呈棕榈状的小乔木……… **番木瓜科 Caricaceae**
（番木瓜属 *Carica*）

402. 子房 2 室至多室；具分枝的乔木或灌木。

403. 雄蕊连成单体，或至少内层者如此；蒴果 …………………………………………………………………… **大戟科 Euphorbiaceae**
（麻疯树属 *Jatropha*）

403. 雄蕊各自分离；浆果 ………………………… **柿树科 Ebenaceae**

401. 花两性。

404. 花瓣连成一盖状物，或花萼裂片及花瓣均可合成为 1 或 2 层的盖状物。

405. 叶为单叶，具有透明微点 ………………… **桃金娘科 Myrtaceae**

405. 叶为掌状复叶，无透明微点 …………………… **五加科** Araliaceae
(**多蕊木属** *Tupidanthus*)

404. 花瓣及花萼裂片均不连成盖状物。

406. 每子房室中有 3 至多数胚珠。

407. 雄蕊 5～10 个或其数不超过花冠裂片的 2 倍，稀可在野茉莉科的银钟花属 *Halesia* 其数可达 16 个，而为花冠裂片的 4 倍。

408. 雄蕊连成单体或其花丝于基部互相连合；花药纵裂；花粉粒单生。

409. 叶为复叶；子房上位；花柱 5 个 ……… **酢浆草科** Oxalidaceae

409. 叶为单叶；子房下位或半下位；花柱 1 个；乔木或灌木，常有星状毛 ……………………………………… **野茉莉科** Styracaceae

408. 雄蕊各自分离；花药顶端孔裂；花粉粒为四合型 ………………………………………………………………… **杜鹃花科** Ericaceae

407. 雄蕊为不定数。

410. 萼片和花瓣常各为多数，而无显著的区分；子房下位；植物体肉质；绿色，常具棘针，而其叶退化 ……… **仙人掌科** Cactaceae

410. 萼片和花瓣常各为 5 片，而有显著的区分；子房上位。

411. 萼片呈镊合状排列；雄蕊连成单体………… **锦葵科** Malvaceae

411. 萼片呈显著的覆瓦状排列。

412. 雄蕊连成 5 束，且每束着生于 1 花瓣的基部；花药顶端孔裂开；浆果 ………………………………… **猕猴桃科** Actinidiaceae
(**水冬哥属** *Saurauia*)

412. 雄蕊的基部连成单体；花药纵长裂开；蒴果 …………………………………………………………………… **山茶科** Theaceae
(**紫茎木属** *Stewartia*)

406. 每子房室中常仅有 1 或 2 个胚珠。

413. 花萼中的 2 片或更多片于结实时能长大成翅状……………………………………………………… **龙脑香科** Dipterocarpaceae

413. 花萼裂片无上述变大的情形。

414. 植物体常有星状毛茸……………………… **野茉莉科** Styracaceae

414. 植物体无星状毛茸。

415. 子房下位或半下位；果实歪斜 ………… **山矾科** Symplocaceae
(**山矾属** *Symplocos*)

415. 子房上位。

416. 雄蕊相互连合为单体；果实成熟时分裂为离果 …………

……………………………………………………… **锦葵科** Malvaceae

416. 雄蕊各自分离；果实不是离果。

417. 子房 1 或 2 室；蒴果………………… **瑞香科** Thymelaeaceae （**沉香属** *Aquilaria*）

417. 子房 6～8 室；浆果 ………………………… **山榄科** Sapotaceae （**紫荆木属** *Madhuca*）

398. 成熟雄蕊并不多于花冠裂片或有时因花丝的分裂则可过之。

418. 雄蕊和花冠裂片为同数且对生。

419. 植物体内有乳汁 ……………………………………… **山榄科** Sapotaceae

419. 植物体内不含乳汁。

420. 果实内有数个至多数种子。

421. 乔木或灌木；果实呈浆果状或核果状 …… **紫金牛科** Myrsinaceae

421. 草本；果实呈蒴果状 …………………… **报春花科** Primulaceae

420. 果实内仅有 1 个种子。

422. 子房下位或半下位。

423. 乔木或攀缘性灌木；叶互生 ……………… **铁青树科** Olacaceae

423. 常为半寄生性灌木；叶对生 …………… **桑寄生科** Loranthaceae

422. 子房上位。

424. 花两性。

425. 攀缘性草本；萼片 2；果为肉质宿存花萼所包围 ……………… ………………………………………………… **落葵科** Basellaceae （**落葵属** *Basella*）

425. 直立草本或亚灌木，有时为攀缘性；萼片或萼裂片 5；果为蒴果或瘦果，不为花萼所包围 ……………… **蓝雪科** Plumbaginaceae

424. 花单性，雌雄异株；攀缘性灌木。

426. 雄蕊连合成单体；雌蕊单纯性………… **防己科** Menispermaceae （**锡生藤亚族** Cissampelinae）

426. 雄蕊各自分离；雌蕊复合性 …………… **茶茱萸科** Icacinaceae （**微花藤属** *Iodes*）

418. 雄蕊和花冠裂片为同数且互生，或雄蕊数较花冠裂片为少。

427. 子房下位。

428. 植物体常以卷须而攀缘或蔓生；胚珠及种子皆为水平生长于侧膜胎座上 ……………………………………… **葫芦科** Cucurbitaceae

428. 植物体直立，如为攀缘时也无卷须；胚珠及种子并不为水平生长。

429. 雄蕊互相连合。

430. 花整齐或两侧对称，成头状花序，或在苍耳属 *Xanthium* 中，雌花序为一仅含 2 花的果壳，其外生有钩状刺毛；子房 1 室，内仅有 1 个胚珠 …………………………………………… **菊科 Compositae**

430. 花多两侧对称，单生或成总状或伞房花序；子房 2 或 3 室，内有多数胚珠。

431. 花冠裂片呈镊合状排列；雄蕊 5 个，具分离的花丝及连合的花药 …………………………………………… **桔梗科 Campanulaceae**

（半边莲亚科 Lobelioideae）

431. 花冠裂片呈覆瓦状排列；雄蕊 2 个，具连合的花丝及分离的花药 …………………………………………… **花柱草科 Stylidiaceae**

（花柱草属 *Stylidium*）

429. 雄蕊各自分离。

432. 雄蕊和花冠相分离或近于分离。

433. 花药顶端孔裂开；花粉粒连合成四合体；灌木或亚灌木 ……… …………………………………………… **杜鹃花科 Ericaceae**

（乌饭树亚科 Vaccinioideae）

433. 花药纵长裂开，花粉粒单纯；多为草本。

434. 花冠整齐；子房 2～5 室，内有多数胚珠 ……………………… …………………………………………… **桔梗科 Campanulaceae**

434. 花冠不整齐；子房 1～2 室，每子房室内仅有 1 或 2 个胚珠 …………………………………………… **草海桐科 Goodeniaceae**

432. 雄蕊着生于花冠上。

435. 雄蕊 4 或 5 个，和花冠裂片同数。

436. 叶互生；每子房室内有多数胚珠……… **桔梗科 Campanulaceae**

436. 叶对生或轮生；每子房室内有 1 至多数胚珠。

437. 叶轮生，如为对生时，则有托叶存在 …… **茜草科 Rubiaceae**

437. 叶对生，无托叶或稀可有明显的托叶。

438. 花序多为聚伞花序 …………………… **忍冬科 Caprifoliaceae**

438. 花序为头状花序 ……………………… **川续断科 Dipsacaceae**

435. 雄蕊 1～4 个，其数较花冠裂片为少。

439. 子房 1 室。

440. 胚珠多数，生于侧膜胎座上 ………… **苦苣苔科 Gesneriaceae**

440. 胚珠 1 个，垂悬于子房的顶端 ……… **川续断科 Dipsacaceae**

439. 子房 2 室或更多室，具中轴胎座。

441. 子房 2～4 室，所有的子房室均可成熟；水生草本…………

……………………………………………… **胡麻科 Pedaliaceae**
(茶菱属 *Trapella*)

441. 子房 3 或 4 室，仅其中 1 或 2 室可成熟。

442. 落叶或常绿的灌木；叶片常全缘或边缘有锯齿………………
…………………………………………… **忍冬科 Caprifoliaceae**

442. 陆生草本；叶片常有很多的分裂 …… **败酱科 Valerianaceae**

427. 子房上位。

443. 子房深裂为 2～4 部分；花柱或数花柱均自子房裂片之间伸出。

444. 花冠两侧对称或稀可整齐；叶对生 ……………… **唇形科 Labiatae**

444. 花冠整齐；叶互生。

445. 花柱 2 个；多年生匍匐性小草本；叶片呈圆肾形…………………
…………………………………………… **旋花科 Convolvulaceae**
(马蹄金属 *Dichondra*)

445. 花柱 1 个 ………………………………… **紫草科 Boraginaceae**

443. 子房完整或微有分割，或为 2 个分离的心皮所组成；花柱自子房的顶端伸出。

446. 雄蕊的花丝分裂。

447. 雄蕊 2 个，各分为 3 裂 …………………… **罂粟科 Papaveraceae**
(紫堇亚科 Fumarioideae)

447. 雄蕊 5 个，各分为 2 裂 …………………… **五福花科 Adoxaceae**
(五福花属 *Adoxa*)

446. 雄蕊的花丝单纯。

448. 花冠不整齐，常多少有些呈二唇状。

449. 成熟雄蕊 5 个。

450. 雄蕊和花冠离生 ………………………… **杜鹃花科 Ericaceae**

450. 雄蕊着生于花冠上 …………………… **紫草科 Boraginaceae**

449. 成熟雄蕊 2 或 4 个，退化雄蕊有时也可存在。

451. 每子房室内仅含 1 或 2 个胚珠（如为后一情形，也可在次 451 项检索之）。

452. 叶对生或轮生；雄蕊 4 个，稀可 2 个；胚珠直立，稀可垂悬。

453. 子房 2～4 室，共有 2 个或更多的胚珠 ……………………
…………………………………………… **马鞭草科 Verbenaceae**

453. 子房 1 室，仅含 1 个胚珠 …………… **透骨草科 Phrymaceae**
(透骨草属 *Phryma*)

452. 叶互生或基生；雄蕊 2 或 4 个，胚珠垂悬；子房 2 室，每子房

室内仅有 1 个胚珠 ………………… **玄参科** Scrophulariaceae

451. 每子房室内有 2 至多数胚珠。

454. 子房 1 室具侧膜胎座或中央胎座（有时可因侧膜胎座的深入而为 2 室）。

455. 草本或木本植物，不为寄生性，也非食虫性。

456. 多为乔木或木质藤本；叶为单叶或复叶，对生或轮生，稀可互生，种子有翅，但无胚乳 ………… **紫威科** Bignoniaceae

456. 多为草本；叶为单叶，基生或对生；种子无翅，有或无胚乳 ……………………………………… **苦苣苔科** Gesneriaceae

455. 草本植物，为寄生性或食虫性。

457. 植物体寄生于其他植物的根部，而无绿叶存在；雄蕊 4 个；侧膜胎座 ………………………… **列当科** Orobanchaceae

457. 植物体为食虫性，有绿叶存在；雄蕊 2 个；特立中央胎座；多为水生或沼泽植物，且有具距的花冠 ……………………………………………… **狸藻科** Lentibulariaceae

454. 子房 2～4 室，具中轴胎座，或于角胡麻科中为子房 1 室而具侧膜胎座。

458. 植物体常具分泌黏液的腺体毛茸；种子无胚乳或具一薄层胚乳。

459. 子房最后成为 4 室；蒴果的果皮质薄而不延伸为长喙；油料植物 ……………………………………… **胡麻科** Pedaliaceae
（**胡麻属** *Sesamum*）

459. 子房 1 室，蒴果的内皮坚硬而呈木质，延伸为钩状长喙；栽培花卉 ……………………………… **角胡麻科** Martyniaceae
（**角胡麻属** *Pooboscidea*）

458. 植物体不具上述的毛茸；子房 2 室。

460. 叶对生；种子无胚乳，位于胎座的钩状突起上 ……………………………………………… **爵床科** Acanthaceae

460. 叶互生或对生；种子有胚乳，位于中轴胎座上。

461. 花冠裂片具深缺刻；成熟雄蕊 2 个 …… **茄科** Solanaceae
（**蝴蝶花属** *Schizanthus*）

461. 花冠裂片全缘或仅其先端具一凹陷；成熟雄蕊 2 或 4 个 ……………………………………… **玄参科** Scrophulariaceae

448. 花冠整齐，或近于整齐。

462. 雄蕊数较花冠裂片为少。

463. 子房2～4室，每室内仅含1或2个胚珠。

464. 雄蕊2个 …………………………………… **木犀科 Oleaceae**

464. 雄蕊4个。

465. 叶互生，有透明腺体微点存在 …… **苦槛蓝科 Myoporaceae**

465. 叶对生，无透明微点 ………………… **马鞭草科 Verbenaceae**

463. 子房1或2室，每室内有数个至多数胚珠。

466. 雄蕊2个；每子房室内有4～10个胚珠垂悬于室的顶端 ……
………………………………………………… **木犀科 Oleaceae**
(连翘属 *Forsythia*)

466. 雄蕊4或2个；每子房室内有多数胚珠着生于中轴或侧膜胎座上。

467. 子房1室，内具分歧的侧膜胎座，或因胎座深入而使子房成2室 ………………………………… **苦苣苔科 Gesneriaceae**

467. 子房为完全的2室，内具中轴胎座。

468. 花冠于蕾中常折叠；子房2心皮的位置偏斜 ………………
………………………………………………… **茄科 Solanaceae**

468. 花冠于蕾中不折叠，而呈覆瓦状排列；子房的2心皮位于前后方 ………………………………… **玄参科 Scrophulariaceae**

462. 雄蕊和花冠裂片同数。

469. 子房2个，或为1个而成熟后呈双角状。

470. 雄蕊各自分离；花粉粒也彼此分离 … **夹竹桃科 Apocynaceae**

470. 雄蕊互相连合；花粉粒连成花粉块 … **萝藦科 Asclepiadaceae**

469. 子房1个，不呈双角状。

471. 子房1室或因2侧膜胎座的深入而成2室。

472. 子房为1心皮所成。

473. 花显著，呈漏斗形而簇生；果实为1瘦果，有棱或有翅
………………………………… **紫茉莉科 Nyctaginaceae**
(紫茉莉属 *Mirabilis*)

473. 花小型而形成球形的头状花序；果实为1荚果，成熟后则裂为仅含1种子的节荚 …………………… **豆科 Leguminosae**
(含羞草属 *Mimosa*)

472. 子房为2个以上连合心皮所成。

474. 乔木或攀缘性灌木，稀可为一攀缘性草木，而体内具有乳汁（如心翼果属 *Cardiopteris*）；果实呈核果状（但心翼果属则为干燥的翅果），内有1个种子 …… **茶茱萸科 Icacinaceae**

474. 草本或亚灌木，或于旋花科的麻辣仔藤属 *Erycibe* 中为攀缘灌木；果实呈蒴果状（或于麻辣仔藤属中呈浆果状），内有2个或更多的种子。

475. 花冠裂片呈覆瓦状排列。

476. 叶茎生，羽状分裂或为羽状复叶（限于我国植物如此）…………………………… **田基麻科 Hydrophyllaceae**
（水叶族 Hydrophylleae）

476. 叶基生，单叶，边缘具齿裂 …… **苦苣苔科 Gesneriaceae**
（苦苣苔属 *Conandron*，黔苣苔属 *Tengia*）

475. 花冠裂片常呈旋转状或内折的镊合状排列。

477. 攀缘性灌木；果实呈浆果状，内有少数种子 ……………………………………………… **旋花科 Convolvulaceae**
（丁公藤属 *Erycibe*）

477. 直立陆生或漂浮水面的草本；果实呈蒴果状，内有少数至多数种子 ……………………………… **龙胆科 Gentianaceae**

471. 子房2～10室。

478. 无绿叶而为缠绕性的寄生植物 …… **旋花科 Convolvulaceae**
（菟丝子亚科 Cuscutoideae）

478. 不是上述的无叶寄生植物。

479. 叶常对生，在两叶之间有托叶所成的连接线或物 ……………………………………………… **马钱科 Loganiaceae**

479. 叶常互生，或有时基生，如为对生时，其两叶之间也无托叶所成的连系物，有时其叶也可轮生。

480. 雄蕊和花冠离生或近于离生。

481. 灌木或亚灌木；花药顶端孔裂；花粉粒为四合体；子房常5室 ……………………………………… **杜鹃花科 Ericaceae**

481. 一年或多年生草本，常为缠绕性；花药纵长裂开；花粉粒单纯；子房常3～5室…………… **桔梗科 Campanulaceae**

480. 雄蕊着生于花冠的筒部。

482. 雄蕊4个，稀可在冬青科为5个或更多。

483. 无主茎的草本，具由少数至多数花朵所形成的穗状花序生于一基生花葶上 ……………… **车前科 Plantaginaceae**
（车前属 *Plantago*）

483. 乔木、灌木，或具有主茎的草木。

484. 叶互生，多常绿 ………………… **冬青科 Aquifoliaceae**
（冬青属 *Ilex*）

484. 叶对生或轮生。

485. 子房 2 室，每室内有多数胚珠………………………………………………………… **玄参科 Scrophulariaceae**

485. 子房 2 室至多室，每室内有 1 或 2 个胚珠……………………………………………… **马鞭草科 Verbenaceae**

482. 雄蕊常 5 个，稀可更多。

486. 每子房室内仅有 1 或 2 个胚珠。

487. 子房 2 或 3 室；胚珠自子房室近顶端垂悬；木本植物；叶全缘。

488. 每花瓣 2 裂或 2 分；花柱 1 个；子房无柄，2 或 3 室，每室内各有 2 个胚珠；核果；有托叶……………………………………… **毒鼠子科 Dichapetalaceae**
（毒鼠子属 *Dichapetalum*）

488. 每花瓣均完整；花柱 2 个；子房具柄，2 室，每室内仅有 1 个胚珠；翅果；无托叶…………………………………………………… **茶茱萸科 Icacinaceae**

487. 子房 1～4 室；胚珠在子房室基底或中轴的基部直立或上举；无托叶；花柱 1 个，稀可 2 个，有时在紫草科的破布木属 *Cordia* 中其先端可成两次的 2 分。

489. 果实为核果；花冠有明显的裂片，并在蕾中呈覆瓦状或旋转状排列；叶全缘或有锯齿；通常均为直立木本或草本，多粗壮或具刺毛 …… **紫草科 Boraginaceae**

489. 果实为蒴果；花瓣完整或具裂片；叶全缘或具裂片，但无锯齿缘。

490. 通常为缠绕性稀可为直立草本，或为半木质的攀缘植物至大型木质藤本（如盾苞藤属 *Neuropeltis*）；萼片多互相分离；花冠常完整而几无裂片，于蕾中呈旋转状排列，也可有时深裂而其裂片成内折的镊合状排列（如盾苞藤属） …………… **旋花科 Convolvulaceae**

490. 通常均为直立草木；萼片连合成钟形或筒状；花冠有明显的裂片，唯于蕾中成旋转状排列 ………………………………………… **花荵科 Polemoniaceae**

486. 每子房室内有多数胚珠，或在花荵科中有时为 1 至数个；

多无托叶。

491. 高山区生长的耐寒旱性低矮多年生草本或丛生亚灌木；叶多小型，常绿，紧密排列成覆瓦状或莲座式；花无花盘；花单生至聚集成几为头状花序；花冠裂片成覆瓦状排列；子房 3 室；花柱 1 个；柱头 3 裂；蒴果室背开裂 ………………………………… **岩梅科 Diapensiaceae**

491. 草本或木本，不为耐寒旱性；叶常为大型或中型，脱落性，疏松排列而各自展开；花多有位于子房下方的花盘。

492. 花冠不于蕾中折叠，其裂片呈旋转状排列，或在田基麻科中为覆瓦状排列。

493. 叶为单叶，或在花荵属 *Polemonium* 为羽状分裂或为羽状复叶；子房 3 室（稀可 2 室）；花柱 1 个；柱头 3 裂；蒴果多室背开裂……… **花荵科 Polemoniaceae**

493. 叶为单叶，且在田基麻属 *Hydrolea* 为全缘；子房 2 室；花柱 2 个；柱头呈头状；蒴果室间开裂 ……… ……………………………… **田基麻科 Hydrophyllacea（田基麻族 Hydroleeae）**

492. 花冠裂片呈镊合状或覆瓦状排列，或其花冠于蕾中折叠，且成旋转状排列；花萼常宿存；子房 2 室；或在茄科中为假 3 室至假 5 室；花柱 1 个；柱头完整或 2 裂。

494. 花冠多于蕾中折叠，其裂片呈覆瓦状排列；或在曼陀罗属 *Datura* 成旋转状排列，稀可在枸杞属 *Lycium* 和颠茄属 *Atropa* 等中，并不于蕾中折叠，而呈覆瓦状排列，雄蕊的花丝无毛；浆果，或为纵裂或横裂的蒴果 ………………………………… **茄科 Solanaceae**

494. 花冠不于蕾中折叠，其裂片呈覆瓦状排列；雄蕊的花丝具毛茸（尤以后方的 3 个如此）。

495. 室间开裂的蒴果 ………… **玄参科 Scrophulariaceae（毛蕊花属 *Verbascum*）**

495. 浆果，有刺灌木 ………………… **茄科 Solanaceae（枸杞属 *Lycium*）**

1. 子叶 1 个；茎无中央髓部，也无呈年轮状的生长；叶多具平行叶脉；花为三出数，有时为四出数，但极少为五出数。

496. 木本植物，或其叶于芽中呈折叠状。

497. 灌木或乔木；叶细长或呈剑状，在芽中不呈折叠状……………………………………………………………………………… **露兜树科 Pandanaceae**

497. 木本或草本；叶甚宽，常为羽状或扇形的分裂，在芽中呈折叠状而有强韧的平行脉或射出脉。

498. 植物体多甚高大，呈棕榈状，具简单或分枝少的主干；花为圆锥或穗状花序，托以佛焰状苞片 ……………………………… **棕榈科 Palmae**

498. 植物体常为无主茎的多年生草木，具常深裂为 2 片的叶片；花为紧密的穗状花序……………………………………………… **环花科 Cyclanthaceae**

(巴拿马草属 *Carludovica*)

496. 草本植物或稀可为本质茎，但其叶于芽中从不呈折叠状。

499. 无花被或在眼子菜科中很小。

500. 花包藏于或附托以呈覆瓦状排列的壳状鳞片（特称为颖）中，由多花至 1 花形成小穗（自形态学观点而言，此小穗实即简单的穗状花序）。

501. 秆多少有些呈三棱形，实心；茎生叶呈三行排列；叶鞘封闭；花药以基底附着花丝；果实为瘦果或囊果 ……………… **莎草科 Cyperaceae**

501. 秆常呈圆筒形；中空；茎生叶呈二行排列；叶鞘常在一侧纵裂开；花药以其中部附着花丝；果实通常为颖果 ………… **禾本科 Gramineae**

500. 花虽有时排列为具总苞的头状花序，但并不包藏于呈壳状的鳞片中。

502. 植物体微小，无真正的叶片，仅具无茎而漂浮水面或沉没水中的叶状体 ……………………………………………………… **浮萍科 Lemnaceae**

502. 植物体常具茎，也具叶，其叶有时可呈鳞片状。

503. 水生植物，具沉没水中或漂浮水面的叶片。

504. 花单性，不排列成穗状花序。

505. 叶互生；花成球形的头状花序…………… **黑三棱科 Sparganiaceae**

(黑三棱属 *Sparganium*)

505. 叶多对生或轮生；花单生，或在叶腋间形成聚伞花序。

506. 多年生草本；雌蕊为 1 个或更多而互相分离的心皮所成；胚珠自子房室顶端垂悬 …………………… **眼子菜科 Potamogetonaceae**

(角果藻族 *Zannichellieae*)

506. 一年生草本；雌蕊 1 个，具 2～4 柱头；胚珠直立于子房室的基底 ……………………………………………… **茨藻科 Najadaceae**

(茨藻属 *Najas*)

504. 花两性或单性，排列成简单或分歧的穗状花序。

507. 花排列于 1 扁平穗轴的一侧。

508. 海水植物；穗状花序不分歧，但具雌雄同株或异株的单性花；雄蕊1个，具无花丝而为1室的花药；雌蕊1个，具2柱头；胚珠1个，垂悬于子房室的顶端 ………… **眼子菜科 Potamogetonaceae**
(大叶藻属 *Zostera*)

508. 淡水植物；穗状花序常分为二歧而具两性花；雄蕊6个或更多，具极细长的花丝和2室的花药；雌蕊为3～6个离生心皮所成；胚珠在每室内2个或更多，基生 ………… **水蕹科 Aponogetonaceae**
(水蕹属 *Aponogeton*)

507. 花排列于穗轴的周围，多为两性花；胚珠常仅1个 ……………………………………………… **眼子菜科 Potamogetonaceae**

503. 陆生或沼泽植物，常有位于空气中的叶片。

509. 叶有柄，全缘或有各种形状的分裂，具网状脉；花形成一肉穗花序，后者常有一大型而常具色彩的佛焰苞片 ………… **天南星科 Araceae**

509. 叶无柄，细长形、剑形，或退化为鳞片状，其叶片常具平行脉。

510. 花形成紧密的穗状花序，或在帚灯草科为疏松的圆锥花序。

511. 陆生或沼泽植物；花序为由位于苞腋间的小穗所组成的疏散圆锥花序；雌雄异株；叶多退化呈鞘状……… **帚灯草科 Restionaceae**
(薄果草属 *Leptocarpus*)

511. 水生或沼泽植物；花序为紧密的穗状花序。

512. 穗状花序位于一呈二棱形的基生花葶的一侧，而另一侧则延伸为叶状的佛焰苞片；花两性 …………………… **天南星科 Araceae**
(石菖蒲属 *Acorus*)

512. 穗状花序位于一圆柱形花梗的顶端，形如蜡烛而无佛焰苞；雌雄同株 ……………………………………………… **香蒲科 Typhaceae**

510. 花序有各种形式。

513. 花单性，成头状花序。

514. 头状花序单生于基生无叶的花葶顶端；叶狭窄，呈禾草状，有时叶为膜质 …………………………………… **谷精草科 Eriocaulaceae**
(谷精草属 *Eriocaulon*)

514. 头状花序散生于具叶的主茎或枝条的上部，雄性者在上，雌性者在下；叶细长，呈扁三棱形，直立或漂浮水面，基部呈鞘状 …
……………………………………… **黑三棱科 Sparganiaceae**
(黑三棱属 *Sparganium*)

513. 花常两性。

515. 花序呈穗状或头状，包藏于2个互生的叶状苞片中；无花被；叶小，细长形或呈丝状；雄蕊 1 或 2 个；子房上位，1～3 室，每子房室内仅有 1 个垂悬胚珠 ……… **刺鳞草科 Centrolepidaceae**

515. 花序不包藏于叶状的苞片中；有花被。

516. 子房 3～6 个，至少在成熟时互相分离 ……………………………………………………………………………………… **水麦冬科**Juncaginaceae

（水麦冬属 *Triglochin*）

516. 子房 1 个，由 3 心皮连合所组成 ………… **灯心草科 Juncaceae**

499. 有花被，常显著，且呈花瓣状。

517. 雌蕊 3 至多数，互相分离。

518. 死物寄生性植物，具呈鳞片状而无绿色叶片。

519. 花两性，具 2 层花被片；心皮 3 个，各有多数胚珠 ……………………………………………………………………………… **百合科 Liliaceae**

（无叶莲属 *Petrosavia*）

519. 花单性或稀可杂性，具一层花被片；心皮数个，各仅有 1 个胚珠 ……………………………………………………………… **霉草科 Triuridaceae**

（喜阴草属 *Sciaphila*）

518. 不是死物寄生性植物，常为水生或沼泽植物，具有发育正常的绿叶。

520. 花被裂片彼此相同；叶细长，基部具鞘…… **水麦冬科 Juncaginaceae**

（芝菜属 *Scheuchzeria*）

520. 花被裂片分化为萼片和花瓣 2 轮。

521. 叶（限于我国植物）呈细长形，直立；花单生或成伞形花序；蓇葖果 ……………………………… **科（花蔺科）Butomaceae**

（　属（花蔺属）*Butomus*）

521. 叶呈细长兼披针形至卵圆形，常为箭镞状而具长柄；花常轮生，成总状或圆锥花序；瘦果 ……………………… **泽泻科 Alismataceae**

517. 雌蕊 1 个，复合性或于百合科的岩菖蒲属 *Tofieldia* 中其心皮近于分离。

522. 子房上位，或花被和子房相分离。

523. 花两侧对称；雄蕊 1 个，位于前方，即着生于远轴的 1 个花被片的基部 ……………………………………………… **田葱科 Philydraceae**

……………………………………………… **（田葱属 *Philydrum*）**

523. 花辐射对称，稀可两侧对称；雄蕊 3 个或更多。

524. 花被分化为花萼和花冠 2 轮，后者于百合科的重楼族中，有时为细长形或线形的花瓣所组成，稀可缺如。

525. 花形成紧密而具鳞片的头状花序；雄蕊 3；子房 1 室 ……………

……………………………………………… **黄眼草科 Xyridaceae**

(黄眼草属 *Xyris*)

525. 花不形成头状花序；雄蕊数在 3 个以上。

526. 叶互生，基部具鞘，平行脉；花为腋生或顶生的聚伞花序；雄蕊 6 个，或因退化而数较少 ……………… **鸭跖草科 Commelinaceae**

526. 叶以 3 个或更多个生于茎的顶端而成一轮，网状脉而于基部具3～5 脉；花单独顶生；雄蕊 6 个、8 个或 10 个……………………… ……………………………………………………… **百合科 Liliaceae**

(重楼族 Parideae)

524. 花被裂片彼此相同或近于相同，或于百合科的白丝草属 *Chinographis* 中则极不相同，又在同科的油点草属 *Tricyrtis* 中其外层 3 个花被裂片的基部呈囊状。

527. 花小型，花被裂片绿色或棕色。

528. 花位于一穗形总状花序上；蒴果自一宿存的中轴上裂为 3～6 瓣，每果瓣内仅 1 个种子 …………………… **水麦冬科 Juncaginaceae**

(水麦冬属 *Triglochin*)

528. 花位于各种形式的花序上；蒴果室背开裂为 3 瓣，内有多数至 3 个种子 ………………………………………… **灯心草科 Juncaceae**

527. 花大型或中型，或有时为小型，花被裂片多少有些具鲜明的色彩。

529. 叶（限于我国植物）的顶端变为卷须，并有闭合的叶鞘；胚珠在每室内仅为 1 个；花排列为顶生的圆锥花序 …………………… ……………………………………… **须叶藤科 Flagellariaceae**

(须叶藤属 *Flagellaria*)

529. 叶的顶端不变为卷须；胚珠在每子房室内为多数，稀可仅为 1 个或 2 个。

530. 直立或漂浮的水生植物；雄蕊 6 个，彼此不相同，或有时有不育者 ……………………………………… **雨久花科 Pontederiaceae**

530. 陆生植物；雄蕊 6 个、4 个或 2 个，彼此相同。

531. 花为四出数，叶（限于我国植物）对生或轮生，具有显著纵脉及密生的横脉……………………………… **百部科 Stemonaceae**

(百部属 *Stemona*)

531. 花为三出或四出数；叶常基生或互生 ……… **百合科 Liliaceae**

522. 子房下位，或花被多少有些和子房相愈合。

532. 花两侧对称或为不对称形。

533. 花被片均成花瓣状；雄蕊和花柱多少有些互相连合……………

………………………………………………………… **兰科 Orchidaceae**

533. 花被片并不是均成花瓣状，其外层者形如萼片；雄蕊和花柱相分离。

534. 后方的 1 个雄蕊常为不育性，其余 5 个则均发育而具有花药。

535. 叶和苞片排列成螺旋状；花常因退化而为单性；浆果；花管呈管状，其一侧不久即裂开 ………………………… **芭蕉科 Musaceae**

（芭蕉属 *Musa*）

535. 叶和苞片排列成 2 行；花两性，蒴果。

536. 萼片互相分离或至多可和花冠相连合；居中的 1 花瓣并不成为唇瓣 ………………………………………………… **芭蕉科 Musaceae**

（鹤望兰属 *Strelitzia*）

536. 萼片互相连合成管状；居中（位于远轴方向）的 1 花瓣为大形而成唇瓣 ……………………………………………… **芭蕉科 Musaceae**

（兰花蕉属 *Orchidantha*）

534. 后方的 1 个雄蕊发育而具有花药，其余 5 个则退化，或变形为花瓣状。

537. 花药 2 室；萼片互相连合为一萼筒，有时呈佛焰苞状……………

……………………………………………………… **姜科 Zingiberaceae**

537. 花药 1 室；萼片互相分离或至多彼此相衔接。

538. 子房 3 室，每子房室内有多数胚珠位于中轴胎座上；各不育雄蕊呈花瓣状，互相于基部简短连合 ………… **美人蕉科 Cannaceae**

（美人蕉属 *Canna*）

538. 子房 3 室或因退化而成 1 室，每子房室内仅含 1 个基生胚珠；各不育雄蕊也呈花瓣状，唯多少有些互相连合 ………………………

……………………………………………… **竹芋科 Marantaceae**

532. 花常辐射对称，也即花整齐或近于整齐。

539. 水生草本，植物体部分或全部沉没水中…………………………………

………………………………………………… **水鳖科 Hydrocharitaceae**

539. 陆生草木。

540. 植物体为攀缘性；叶片宽广，具网状脉（还有数主脉）和叶柄 …

……………………………………………………… **薯蓣科 Dioscoreaceae**

540. 植物体不为攀缘性；叶具平行脉。

541. 雄蕊 3 个。

542. 叶 2 行排列，两侧扁平而无背腹面之分，由下向上重叠跨覆；雄蕊和花被的外层裂片相对生 ……………………… **鸢尾科 Iridaceae**

542. 叶不为 2 行排列；茎生叶呈鳞片状；雄蕊和花被的内层裂片相对

生 ……………………………………… **水玉簪科 Burmanniaceae**

541. 雄蕊6个。

543. 果实为浆果或蒴果，而花被残留物多少和它相合生，或果实为一聚花果；花被的内层裂片各于其基部有2舌状物；叶呈长带形，边缘有刺齿或全缘 ………………………… **凤梨科 Bromeliaceae**

543. 果实为蒴果或浆果，仅为1花所成；花被裂片无附属物。

544. 子房1室，内有多数胚珠位于侧膜胎座上；花序为伞形，具长丝状的总苞片 ……………………………… **蒟蒻薯科 Taccaceae**

544. 子房3室，内有多数至少数胚珠位于中轴胎座上。

545. 子房部分下位 ……………………………… **百合科 Liliaceae**

（肺筋草属 *Aletris*，沿阶草属 *Ophiopogon*，球子草属 *Peliosanthes*）

545. 子房完全下位 ……………………… **石蒜科 Amaryllidaceae**